所有的坚持，终将变成礼物

我只是
和这个世界
不够默契

妄若尘 --------- 著

古吴轩出版社

中国·苏州

图书在版编目（CIP）数据

我只是和这个世界不够默契／妄若尘著．—苏州：
古吴轩出版社，2016.9
ISBN 978-7-5546-0732-9

Ⅰ.①我… Ⅱ.①妄… Ⅲ.①女性—成功心理—通俗
读物 Ⅳ.①B848.4-49

中国版本图书馆 CIP 数据核字 (2016) 第 177004 号

责任编辑：蒋丽华
见习编辑：薛　芳
策　　划：刘　吉
封面设计：韩庆熙

书　　名：我只是和这个世界不够默契
著　　者：妄若尘
出版发行：古吴轩出版社
　　　　　地址：苏州市十梓街458号　　　邮编：215006
　　　　　Http://www.guwuxuancbs.com E-mail：gwxcbs@126.com
　　　　　电话：0512-65233679　　　　　传真：0512-65220750
出 版 人：钱经纬
经　　销：新华书店
印　　刷：北京凯达印务有限公司
开　　本：900×1270　1/32
印　　张：8
版　　次：2016年9月第1版 第1次印刷
书　　号：ISBN 978-7-5546-0732-9
定　　价：32.80元

为了逃避生活的辛苦，逃避与这个世界的频繁碰撞，我们会在不经意间成为一个妥协者。

我们躲在别人的身后，亦步亦趋，活得充满安全感，即使活得走了样，也能心安理得，大不了露出一副无可奈何的样子。

我只是和
这个世界
不够默契

你和这个世界默契吗

如果你刚刚走出大学的门，或者作为一个成年人刚刚冲入这个名利的世界，你的观感如何？你的内心起伏如何？

在我们步入社会之前，从精神上差不多已经被社会和身边的人引导在一条千军万马争相进取的"成功"之路上。在这条路上，只有极少数人光彩夺目，而恰恰是这些极少数的"成功者"，牵引着我们的"三观"，干预着我们的生活节奏，让我们早早向这个世界妥协。

我们似乎都曾想过，绝不向这个世界妥协，却从未料想各种不如意像滚雪球一样，伴随着年月增长，越来越沉重。这是我们一次次和这个世界发生碰撞的结果，这种沉重感，出现在我们的内心，会毫无意外地生长。直到有一天，我们忽然觉得这个世界于"我"而言充满了刁难。我们舔了舔嘴唇，尝遍了不妥协的辛苦。

为了逃避生活的辛苦，逃避与这个世界的频繁碰撞，我们会在不经意间成为一个妥协者。我们躲在别人的身后，亦步亦趋，活得充满安全感，即使活得走了样，也能心安理得，大不了露出一副无可奈何的样子。

有时，妥协来得特别早。

以我自己为例，在决定开始写作的那一刻，我并没有意识到我得努力摆脱一个妥协者的角色，摆脱这个世界对我的限制。我没有意识到，在决定尝试写作的那一刻，我也是在尝试去做自己，而我将遭遇的，是这个世界为我预设的无数坎坷，我有极大的可能被写作的表象掩盖，成为一个向曾经的写作者妥协的人。

什么是妥协者？

马云有钱，你也想和马云一样有钱，并且和马云做类似的事，这就叫妥协者。终有一天，你会惊讶地发现，你只是渴望成为马云的人当中的一个，想成为马云的人何止千万？

在我们当中，到处是和你想法类似的妥协者。有的妥协者止于嘴巴，有的已经迈开了双脚。

我们即便困死在追慕马云的路上，大概一点也不会后悔，那是因为我们早已被司马迁这样的人诅咒过，"天下熙熙皆为利来，天下攘攘皆为利往"。我们根本不知道如何去后悔，甚至不知道为什么要后悔。

这个世界的主流似乎永远是追名逐利，当我们把自己的人生焦点放在名利上，特别是当我们奔跑在主流名利线路上，几乎就注定了将一生背负"失败"的命运，蹉跎苟活。这种可怕的后果，也许我们从未多想，甚至觉得想无可想。

如果你是一个懂得反思的人，你肯定会发觉作为妥协者的不妥。**一个妥协者，往往就是一个模仿者，最大的问题就在于没有自我。**正如齐白石说的，"学我者生，像我者死"。

再举例来说，很多早年出道时的歌手，也是一个个妥协者。他们模仿已成名的歌手。可是，妥协者的身份没有为他们的人生打上一个无解的问号，他们很快找到了自己，找到了自己的声音特色，并加以发挥利用，终于成就了光彩夺目的自我。

你是否敢说，你在自己热爱或擅长的领域不是一个妥协者？

一个妥协者，是一个随波逐流的人。从表面上看，妥协者似乎和这个世界是默契的，和这个世界没有显见的碰撞，特别符合我们嘴里常说的"合群""似曾相识""顺其自然"……

可是，在很长一段时间里，作为一名写作上的妥协者，我的内心充满了抑郁和难以言说的无法解脱——因为找不到自己的位置，不甘心自己的妥协。也只有在这个时候，我才明白苏格拉底所说的"认识你自己"究竟为什么如此重要。一个无法认识自己的人，一个向这个世界妥协的人，内心终究是彷徨的、不安的。一个妥协者是没有自我的，只能活在被妥协者的自我中，而一个没有自我的人，就没有生活可言，就没有人生可言，就没有未来可言。

一个妥协者，是一个看似和这个世界很默契的人，却是和这个世界最不默契的人。

一个真正在乎自我的人，从来不畏惧与这个世界发生碰撞，因

为不怕碰撞的人懂得，撞出来的那是人生的火花，撞后才能找到自我，撞后才能安心。

　　一个敢于和这个世界碰撞的人，看上去和这个世界不默契，可遭遇的所有不如意，终将变成人生的礼物。

目　录

第一章：
谁都不比谁容易，也没有什么了不起

第二章：
我们努力，是为了配得上自己所受过的苦

第三章：
就是那些不堪回首的过去，成就了现在的你

第四章：

和这个世界最大的默契，就是不对抗自己

第五章：
只有平庸的人永远能保持最佳状态

第六章：
即使生活不被理解和体谅，我依然会和这个世界碰撞

第一章:

谁都不比
谁容易，
也没有什么
了不起

我只是和
这个世界
不够默契

1. 不能成为优秀的别人，却可以成为更好的自己

　　在刚刚过去的这一年，我浪费了自己整整十二个月的时间，亲自体验了一次小孩子都明白而大人却经常犯的常识性错误——试图复制别人的成功以达到属于自己的成功。这一年，为了提高写作水平，我阅读了大量畅销书籍，试图通过模仿别人的作品来提升自己。然而，看着写出来的没有灵魂、没有温度的文字，自己总会陷入苦恼，不知道问题到底出在哪里。

　　后来，我决定暂时放弃自己的执念，不再急功近利，好好思考这一年来的成败得失。我问自己，成功真的如成功学书籍或者成功学大师、"鸡汤"高手所说的那样可以复制吗？假如真能那

样，那还要努力干吗？如果真是那样，我们要做的只是，你想成为谁，然后找到一个类似的成功人物模板，按照他的模式一步不落地重新来过就可以了。可是，那样的一个人还是你自己吗？不是的，我们不仅变成了另外一个没有灵魂的人，而且还失去了自身最宝贵的东西。

之前我并没有意识到这个问题，所以浪费了自己最宝贵的时间，做了一堆自己现在都看不过眼的事情。然而我的生活并没有因此而往好的方向发展，还一度让我整个人都陷入无休止的焦虑中。

我给自己一段时间放空，慢慢从这种虚无中抽离出来，明白决定一个人成功与否的最重要因素并不在于他拥有怎样的标签，拥有多高的职位，住怎样的豪宅，开怎样的豪车或者有怎样的过去和现在，而在于是否保持了真我，是否还能与自己的灵魂相拥，是否在这纷繁复杂的世界中依旧心安。关于这一点，如果你没有品尝过丧失真我的苦果，没有在青春的兵荒马乱中涤净灵魂的污垢，是没有办法体会到的，这就如同没有失恋过的人大谈爱情的痛苦一样显得毫无说服力。

每个人都有真我，它往往藏在我们内心深处，轻易不会显露出来，只有当诱惑出现时，它才会渐渐显露。很多事情，都需要靠自己去体验，靠自己慢慢往前走。如果我们不遵循自己的内心，不认清真我，欲望就会带着我们走向相反的路，让我们无法调和现实和理想之间的矛盾。

老实说，在此之前，我还从未想过如我这般恬淡如菊的人也有不淡定的一天。

我觉得我应该喜欢的，得到之后才发现那并不是我真正喜欢的；我想得到的，当真正拥有时，却并不那么快乐。其中的原因就像那句话说的："乞丐不会嫉妒马云富裕，却会嫉妒比自己收入高的乞丐。"我几乎所有的不淡定都是源自于我与身边很多朋友越来越大的差距。

当曾经和你处于同一起跑线的同事都逆袭了，你如何才能镇定，可以做到波澜不惊？当你身边的人都不费吹灰之力就衣着华贵、名包豪车了，任你再不在乎物质条件也会愤愤不平吧？更何况，当今的社会物欲横流，越来越多的人以拥有财富的多寡论成败，我们又如何才能保持内心的淡定？

身处这样一个时代，我们不淡定是再正常不过的。

然而这一年的不淡定给我带来的后果是，一味地模仿别人让我在写作上举步维艰，最终败得一塌糊涂。直到原本签好的合同被宣布解约以后，我再次通读自己写的东西，才发现我成了别人的"赝品"。

我想，大家之所以喜欢走捷径，喜欢模仿成功者，喜欢站在别人的肩膀上实现自己的愿望，无非是觉得这样可以节省很多的时间和力气，可以更快地享受站在人生巅峰俯瞰众生的优越感。这本无可厚非，可是如果你在刻意模仿别人的过程中不自觉失去自己，你会发现原来这一切都得不偿失。

两千多年前，陈胜、吴广起义时高呼"王侯将相宁有种乎"，这句话被今人一次次引用和延伸，成为很多人激励自己的灵丹妙药。他或者她也和我一样，却能"逆袭"过上人上人的生活，为什么我不能？她能嫁入豪门，我比她差哪里了？我只想说一句，别人得到的一切都是他们应该得到的。他们默默奋斗的时候，你也许正在打着游戏，玩着手机，听着音乐，和朋友大吹大擂。你之所以现在还没成功，只是因为你的努力还不够。即便你现在暂时成功了，如果你的付出和努力支撑不了，上天总有一天会收回去的。而这点，是你模仿任何人都无法搞定的。一个人没有了灵魂，纵然有了金山银山，也感受不到幸福的味道。

拥有一颗不甘平凡的心没有错，有梦想更没有错，只是成功者的讲座和他们的书籍只能告诉你，他们是怎么做的，不可能告诉你，你该怎么做。如果你不遵从自己的内心，不根据自己的实际情况，那么你的失败是注定的。因为他们和你我不是同一个灵魂，我们面对的不是同一个问题，经历的也不是同一个环境，阅读过不一样的书，受过不同的教育，有着不同的人生轨迹，这些都决定了我们不可能是别人的复制品，甚至不是同一类人，所以任凭你我如何耗尽心思去模仿，都不可能取得别人那样的成就。

刻意的模仿不会让你成功，最后只会让你沦为某个人或者某一类人的影子，你也会因为难出其右而落得徒劳和身心俱疲。妥协者千万个，毕竟出名的只在少数。而他们的成功也并不是因为他们模仿一个人模仿得极好，恰恰是因为他们发挥自己的特长，能模仿很多人，而且模仿谁像谁。他们对别人的模仿加上自己的创新和特点，才受到了大批观众的喜欢。

如我们一样的普通人，想要"逆袭"，除了努力之外，还必须保持自己干净的灵魂。那个专属我们自身的灵魂，就是我们的真我，只有它能够指引我们去完善自己，只有它能让我们踏上"逆袭"之路，走向自己的人生巅峰。

　　带着真我上路，经常停下来洗去污垢，掸去灰尘，我们的内心就会变得丰盈，每走一步也都更加踏实和坦荡。勇敢做自己，不在失意时自卑，也不在得意时狂妄狰狞，不求最终挣下的版图多大，只求落子无悔，老来可以直面自己的内心。只要我们每天都在向上攀登，总会用心里的光照亮一方属于自己的天地。

　　而一旦丧失了真我，我们就像一片浮云，随风飘荡，没有根基，更别谈什么人生价值了。

2. 捷径，是最拥挤的路

这个社会到底怎么了？每个人都想多快好省，人人都想走捷径，都想着跑得比别人更快，着急忙慌一辈子，结果把环境搞坏，把身体搞垮，到头来都不知道自己这些年到底在忙些什么。

其实我们都明白，慢一些才能走得远一些，可大道理人人都懂，现实却是另一副模样。

从 2005 年大学毕业到现在，一路走来，我吃了很多亏，现在想来大多数都是自身焦躁冒进造成的。

记得刚毕业的时候，我应聘到一家相当有实力的影视广告公司工作，试用期三个月。刚到公司的时候，自然不会被委以重任，做的都是些杂七杂八、零碎的事情。因为害怕表现不够好，无法转正，心里总是很焦急，就处处想要表现自己。

那时候年纪小，我对所有事情都表现出异常浓厚的兴趣，生怕放过任何一个学习的机会。

一天中午，同事们吃完饭，都去茶水间小憩，只有视频编辑还在聚精会神地忙活。闲来无事，我就蹭到他旁边看他如何编辑视频。

视频编辑是个年纪四十岁上下的大叔，他发现我一直在旁边看，就问我："看得懂吗？"

他的语气很随意，只是随便问问，并没有鄙视的意思。但我却不这么想，我想向前辈证明我不是一个什么都不会的黄毛丫头，于是就说："虽然我没用过这个软件，不过我学过平面设计，用过别的一些软件，原理估计都是相通的。"

说完这话，我还沾沾自喜起来。我想，前辈一定会对我刮目相看。

可是大叔并没有说话，继续忙活手头的工作。

打那之后我发现，只要我蹭到他身边，他就立马关掉软件，假装做别的事情。次数多了，我自己也觉得挺无趣，想不通为什么就变成这样了。当时的那个黄毛丫头根本就不知道自己错在了哪里。

试用期之后，我虽然侥幸留下，却被调到了别的部门，听说是那位大叔从中做了工作。试用期快结束的时候，老板向他询问我的表现，大叔非常热心地"夸"了我。他说："小吴人聪明，口才好，形象气质也不错，唯一的不足就是也许因为年轻，做事有点心急，沉不下心来，我觉得安排她到市场部或者配音部锻炼锻炼是最合适的。"

那时候市场部刚好有个同事离职，我也就"顺理成章"地被安排去接替她的工作。我的性格比较内向，上学时候学的又是广告策划，被迫去挑战自己不喜欢也根本不擅长的工作，着实让我郁闷不已。

而和我同时进公司的两位女生，给别人留下的印象是只求把自己的工作做好，却最终都顺利留在了制作部。其中一位一直默默学习，积累经验，最后用两年的时间坐上了大叔的位置。我却坚持了不到一年就选择了离开。

从那以后，我开始明白人不能急于求成、过度表现自己，尤其刚到一个工作单位立足未稳的时候，就急于冒进、不恰当地表现自己，有可能会让你的同事反感，觉得你这个人逞能、爱表现。虽然这并不是你的本意，但别人未必能够理解。

刚参加工作的年轻人做事认真，对自己不懂的东西感兴趣，爱学习，这当然是好事。可是对本职工作之外的事情有极大的热情，有时候会被人误以为非常功利，这往往会带来意想不到的后果。这段时间是我们积攒经验最好的时候，所以大可不必选择冒进的方式，一步步稳扎稳打才是成功之道。

后来，我也发现，能最终留在公司的人往往都是能守住本心，一步一个脚印往前走的人，那些急功近利、恨不得立马登上人生巅峰的年轻人最后都会被淘汰。当绝大多数励志书都在用他们的成功告诉你这样做是正确的时候，我只能拿自己当作反面教材告诉你们：太过追求速度的人往往跑不远，甚至还会摔得很惨。

心态平和，其实是一个人的巨大优势。不论是在创业求职时，还是在为了梦想而奋斗的道路上，谁急功近利，谁就先输了。

平时我看电视选秀节目比较多。我们可以看到，凡是想碰运气，希望一唱成名的无一例外都会被淘汰。能够一直走下去的，都是那些真心喜爱唱歌并为之努力、付出多年心血的人。而越竞争到最后，你越会发现，这时候实力并不是最重要的，最重要的是心态。不论气氛多么激烈，竞争多么白热化，那些真正热爱唱歌的人的内心都平静得如同一面镜子，一心只演绎自己的歌曲。

在这个社会上打拼，每个人都不可避免地要承受很多的压力。有时候这些压力会压得我们喘不过气来，但更多时候，它们就像是润滑油一样，推动着我们往前走。而我们却往往容易深陷浮华的社会，丢失真我，忘了初心，忘记了自己到底想要什么。这个时候，我们就需要平心静气，时刻提醒自己保持心态平和，不做作，不张扬，遇事不慌不忙、张弛有度，这样才能心无旁骛。不要带着束缚奔跑，卸下包袱，我们才能跑得轻松，才能走得踏实。

心思简单、与人为善、追求笃定，内心才能富足，才能真正快乐。不急功近利，心中有杆秤，知道什么可为，什么不可为，始终坚守自己的喜好和做事原则。宠辱不惊，才能"行至水穷处，坐看云起时"。

生活里除了金钱，还有太多值得我们追求和坚持的事情，比如抽出时间多陪陪父母孩子，比如花点时间做些自己喜欢的事情。如果在追逐梦想的道路上，我们忘记了呼吸泥土的芬芳，忘了回家，忘记了天空的颜色，即便银行卡里的数字不断增长，这样的人生又有什么意义呢？趁着一切还不太晚，趁着一切还都有回旋的余地，让我们好好珍惜身边的人、景，甚至是空气，更加关注生活的本质，在闲适淡然中体会生活的美好。

慢才能远，才能用我们的双脚翻山越岭。在这个异常忙碌的时代，唯有保持内心笃定的人，才能一直走下去。生活的意义不仅在于享受努力之后的结果，还在于享受每一个努力的过程。如果你不懂，那么就从现在开始，试着让自己跑得慢一点，你会发现你的人生从此大不一样。

3. 自己活得丰盛，才是正经事儿

　　和心电图的"一波三折"一样，除非死亡，要不然没有谁的人生是一帆风顺的。

　　来到这个世界上，每个人都会有顺境和逆境，都有高潮和低谷。如果你渴望自己的人生是一路坦途，那么只有两种可能：你已经死去，或者你从未活过。所以怎样面对人生中遇到的难题才是我们每个人都要认真思考的问题。

　　也许你正处人生的低谷，望着周围的高山，看不到前进的路，不知道自己的方向在哪，这时候你应该遵从自己的内心，选择一个方向，坚定不移地一直走下去。又或者你现在事业成功，家庭美满，前途一片光明，但千万别因此而忘记了自己曾经的坚持，选择性屏蔽生活中存在的问题。人一定要在逆境的时候坚守本性，在得志的时候勿忘初心。只有这样，奋斗的路途中才充满花香。

下面我要说的这件事，就像所有的狗血故事那么扯淡。

A是一家公司的小职员，年轻漂亮，学历又高，身边有一大群追求者，她却一个都看不上。她的收入不高，只能满足基本生活需求，所以每次同事朋友谈论时下流行品牌的时候，她心中总是有诸多委屈和不甘，就幻想着能遇到个年轻帅气的富二代。可惜天不遂人愿，她一直没有运气遇到。

而B则是公司老总的夫人，徐娘半老，狂妄敏感，因为担心年轻姑娘们觊觎自己的男人，所以她经常把一句话挂在嘴边——你们给我记着，这里的一切都是我的！

这句话本身是没有错的。的确，这个公司乃至老总本人，都是B的。可是她狂傲的语气和态度，让A很不舒服。

A觉得自己年轻貌美，哪一点比那个身材走样、满脸褶子的女人差了？凭什么这样的人都可以拥有那么多的财富，而自己却不能？所以她决定演一出"夺宫"好戏。

可是 A 忘记了，B 能有如今的财富，完全是她用她的青春和她老公一起同舟共济，共同打拼得来的。B 走样的身材和满脸的褶子，记载了她这些年耗费的所有心血，这是任谁都没法磨灭的。

再者，一个叱咤商场多年的男人当然不是傻子，他深知没有他老婆就没有他的今天，又怎么会轻易抛弃和自己一起打天下的发妻呢？

转眼间一年过去了，A 的"夺宫"戏码并没有成功，反而越陷越深。A 只觉得自己都看不起自己，也因为事业上没有什么起色而深感无能为力。她很无奈，眼看着自己一步步陷入其中不能自拔，只觉得寂寞、空虚、恐慌，不知道未来该何去何从？更让她心里泛酸的是，曾经被她拒绝的那些穷小子们，通过自己的努力，大多事业都有了起色，找到了合适的女朋友，自己再不能觍着脸回头找他们了。

A 到现在都还执迷不悟，愤愤地想，要是当初 B 不那么张狂，她也不会陷入这样的生活。

上面故事里谁是谁非，我且暂时不予评论，我想说的是无论何时何地，我们都要坚持自己的本心。可能我们年轻的时候会有迷茫，会走弯路，但是总有一天，我们会明白，很多东西远比财富本身更珍贵。它们是我们无论如何都不应该遗弃的至宝。

在《笑面人》里，雨果先生有一段关于人性的描述："人在厄运中的抵抗力强于他对荣华富贵的抵御能力。遇上倒霉的事能全军而退，碰到好运却不尽然，贫贱是龙潭，富贵是虎穴。在雷击下能挺起腰板的人却因灿烂夺目的光彩而倒下。你不曾因悬崖峭壁而惊愕，却怕被云彩和梦幻的翅膀带走。"这好像是人性的通病，很多人往往缺乏对自我的正确认识，以为靠出卖某些东西走捷径就能达到自己想要的人生，殊不知在变节的一刹那就注定了和成功背向而行。

我想，很多人能够独自走过艰苦的岁月，却在晚年对财富起了贪婪之心，甚至导致晚节不保的最重要一个原因，就是没有坚持住自己的本心。或者说，一个人拥有了财富和权利之后，很容易不再对周围的人怜悯，不再尊重他人，不再体恤别人。这些都是人性当中的一些不完美。正是因为人性有诸多不完美，我们才要学会笃定，才要学着坦然，不论是逆境还是顺境，都要保持自己的本心不变。

现在很多人都在说正能量，可正能量到底是什么？每个人都有自己的看法。我觉得正能量其实很简单，就是坚守本性。贫穷的时候，坚持去充实自己，激励自己走过人生的薄冰。越是艰难越要学习，学习做人的道理，学习技能，学习知识，学习别人的长处，要一往无前乘风破浪，纵然伤痕累累，也能够笑着坚强。而在顺利的时候，更应该直面自己的欲望，坚持有所为有所不为，让我们可以在阳光明媚的日子里充分享受生活带给我们的快乐。

不张狂，不做伤害别人的事，尊重他人，不践踏弱者。只有这样，你的成功才真正会被赋予意义。虽然我们做不了人民币，做不到让所有人都喜欢，但也绝不能做一坨臭味源，让别人都恶而远之；虽然我们做不到雁过留声，死后留名，但也要活得像一株兰，走到哪里，都散发着一股清香。

自己活得丰盛，这才是最重要的正经事。

4. 我不坚强，没人替我勇敢

有一天，与H小姐聊天。聊着聊着，她就开始痛陈自己的不幸，说她要崩溃了，她说她未婚夫一直都是她的骄傲，可现在她觉得未婚夫不爱她了。

H小姐天生就是一个非常敏感的人。她很小的时候，父母就去世了。她由爷爷奶奶带大，没有什么朋友，一直都活在自卑当中，直到遇见了她的未婚夫。

她原本指望着未婚夫能给她更好的生活环境，给她这么多年来未曾有过的温暖。为了不再受到别人的冷嘲热讽，她甚至提前很长时间把自己的婚期公告天下。可眼看着现在自己再一次成了笑话，她欲哭无泪，想死的心都有了。

当然以上都是她的一家之言，因为她生性敏感，我也不好多评判什么，就问她到底是怎么回事。

几经询问之后，我才知道原来不过是两个人吵了小架，男人还在赌气当中，一副懒得搭理她的样子。这让H小姐产生了错误的判断，开始胡思乱想。一想到这段关系如果终结，自己就会彻底沦为笑柄，她几乎都失去了理性，像无头苍蝇一样到处乱撞。

我想大多数人都有过类似的经历，你想把所有的希望集中在一件事情或者一个人身上，希望通过那件事情或者这个人的成功改变你的现状，向亲朋好友证明自己并不是他们想的那么不堪。可最终的结果却是，事情以你意想不到的速度向相反的方向发展，最后黯然收场。面对这样的事实，除了尴尬，更多的是无奈，觉得自己越来越像个笑话，觉得好像所有人都在嘲笑我们。一想到这些，我们就难过得发疯，觉得自己快要活不下去了，甚至幻想可以凭空飞来一个UFO（不明飞行物），把自己毫无痕迹地带走。

那种沮丧崩溃的情绪像是得了一场重感冒一般，压得我们透不过气来，开始懒得出门，不愿意见任何人，只想把自己深深掩埋起来，躲在一个没有人知道的地方，孤独终老。从此之后，我们变得畏首畏尾，瞻前顾后，自卑抑郁，生活糟糕得不成样子，对于一切事情也都提不起兴趣来。

可是亲爱的，生活不可能一直按照我们想象的样子呈现在我们的面前，大部分时候我们看到的恰恰就是相反的方向。所以每个人都会怀疑自己，都在小心翼翼地维护自己的形象，生怕稍微一个不注意就沦为了别人的笑柄。你没有必要为了一点小事就否定你自己，就放弃对生活的热爱。如果你不够坚强，没有人能替你勇敢。

台湾著名作家张德芬说："亲爱的，外面没有别人，所有的外在事物都是你内在投射出来的结果。"不是世界选择了我们，而是我们选择了世界，我们相信什么，就会下意识选择什么。所以，生活中遇到的大多数不顺利，有时只是我们的内心出现了偏差，蒙蔽了我们的双眼。

比如，看到某某斜睨了你一眼，你觉得他是瞧不起你，想冲上去与他理论，彼此闹得很不愉快，但最后却发现，那不过是他的习惯性动作，并不针对任何人。

又比如，有一件事你总是不能很好地完成，请求朋友或同事帮助。他们的声音很大，还有点不耐烦的样子，甚至有些人还会不经意溜出一句抱怨："笨死了，这么简单的事情半天都学不会！"其实那不过是他们无意间的一句口头禅，或者是无心的顺口嗔怪，并无其他感情色彩，你根本无需在意。

同样的一个眼神，有的人看到的是同情，有的人看到的却是讥笑；同样的一句"你好笨"，有人心泛甜意，有人却心生恨意。同样的一件事情可能会朝着两个甚至多个截然不同的方向发展下去，这其实是再正常不过的事情。张德芬老师说得很对，外面没有别人，所有一切都是你内心的折射和臆想。你要学会坚强，学会勇敢面对生活中遭遇的种种不愉快，别让坏情绪影响你的生活。

女人总是想得太多，有时候问男人想吃什么菜，换来一句"随便吧"，她就会暗自伤心，揣测他到底是什么意思——是对我没耐心了？不喜欢我了？难道他喜欢上别人了？最后发现啥事儿没有，一如往常。这就是女人，情绪里百分之九十九都是多余的"水分"。所以遇到让自己崩溃的事情，我们首先要学会抽丝剥茧，找到并解决最关键的那百分之一就可以了。其余的都是我们自己强加上去的情绪渲染，与事情的本质并没有太大关系。

有时候你觉得外界嘲笑、讽刺、打击、踩踏你，那其实都是你内心出了问题，是你夸大了外界的压力，低估了自己的能力。这个世界每天这么忙，大家连心平气和地好好吃顿饭都来之不易，哪有时间去关注你，在乎你是成功还是失败？只要你自己过得坦然，就无需理会别人的眼光。

我就是用这种"阿Q精神胜利法"跨过了每一个绝望的深渊，一步步走到现在的。

只要自己看得起自己，这世界就没有人笑话你；只要你没被自己打败，这世界上就没有人能打败你。你拥有世界上最坚硬的铠甲和最锋利的长矛，不论遭遇多少坑坑洼洼，深渊或沼泽，你都可以所向披靡。

遇到了令自己不快的事情，不要急着发飙，也不要刚开始就气馁、妥协，先静下心来想一想到底是事情没有成功让你难过，还是你觉得因此而丢了脸。查看一下是不是自己的内心出现了偏差，然后好好想想张德芬老师的话。只有这样，好运气才会一直伴随你，你才会更容易获得你想要的幸福。

不久之后，H小姐如愿地结婚了。她乐呵呵地说："以前自己太敏感了，稍微有一点风吹草动就觉得天旋地转。现在才发现，那都是自己泛滥了情绪里的'水分'，差点毁了自己一生的幸福。"

　　有时候就是这样，挤掉自己情绪中没有用的"水分"，让自己坚强到可以独自面对这世事无常。没有人能替你勇敢，除非你自己坚定不已。

5. 有些路，总要一个人走

对于我这样出身普通、学校普通、长相普通的人来说，最难忘的岁月莫过于刚刚大学毕业走入社会那段日子了。

毕业后，觉得应该自己养活自己了，不好意思再伸手向父母要生活费。从学校里搬出来之后，租住在西安南郊最拥挤的城中村里。

那时候年龄小，不知天高地厚，只觉得终于到自己大展身手的时候了，前途一片光明，于是买了一堆有招聘信息的报纸。刚开始专盯那种工资高、待遇好的大公司，可最后不得不承认，自己根本就不在那些公司考虑的范围内，只好把自己的要求降低，寻找一些比较小的公司。即使是这样，往往也是应征者如云。

那段时间，每次应征都是兴致勃勃而去，结果却铩羽而归。面试失败回来的时候，要路过一条街道，看着很多蹲在墙角比自己强大百倍的小青年，面前摆放着各种证件和求职需求，渐渐发现自己的人生就像是玻璃窗内的苍蝇，前途明明一片光明，却总是撞得头破血流，找不到出路。

眼见着口袋里的"粮食"一天天减少，我终于认清了现实。
我发现原来自己什么都不是，不过是这座灯红酒绿的城市里最普通不过的"待拯救"人员，普通到在浩瀚的人群里寻找不到一点存在的证明。我觉得自己仿佛掉进了一个大坑，一个深不见底、抬头不见天日的大坑，那种彷徨和迷茫时刻笼罩着我，让我有时候连呼吸都不是很顺畅。

大多数刚走上社会的年轻人，都和我一样有着类似的困惑，不知道未来的路要怎么走。这时你的态度，在一定程度上就决定了你日后会成长为怎样的人。

有人因为就业压力大、找工作不顺利就开始投机取巧，千方百计走捷径找关系，当时好像是成功了，也暂时获得了一些并不是通过自己奋斗得来的财富和物质。可从长久来看，这种行为却是一种失败。没有经过生活历练的人，怎么可能体会得到生活的美好？有的人因为没有找到合适的工作或者一直不顺利，就开始郁郁寡欢，对待工作也不认真，得过且过，最后在没有任何激情的工作中蹉跎自己的一生；还有的人没有自己的方向，不知道自己想做什么、能做什么，于是频繁更换工作，就像是小熊掰玉米，到最后什么都没有学会，也没有积累，浪费了自己宝贵的时间。这些情况其实一直都在我们身边。

很多人都说我心态好，生活中的大多数事情都能看得开，其实我是一个胆小而且缺乏安全感的人。也正因为如此，我才不敢轻易去依赖别人，我担心我依赖的那个人万一有一天不让我依赖了怎么办。我知道只有把我的命运牢牢攥在自己的手中才会心安，哪怕是吃馒头咸菜甚至上顿不接下顿，也绝不会动摇我坚守的原则和本质。

那时候的我，根本顾不了太多，眼瞅着就要弹尽粮绝，如果不能尽快找到工作，可能马上就要流落街头。

我这么告诉自己："能在最艰苦的岁月里不迷失，那么总有一天，我会过上我想要的生活，过上那种不需要仰仗任何人的美好人生。"

一个人如果能在最艰难的岁月里保持自己美好的品质，而且始终相信努力的意义，那么他的成功真的就只是时间问题。

就这样，求职虐我千百遍，我待求职如初恋，终于在即将弹尽粮绝的时候，我被一个很小的广告公司录用了，职务是文员。

说是文员，因为公司实在太小，所以什么事情都得做。

公司一共六七个人，挤在一个只有十五平方米的格子间里，其中有四个是业务员，一个是业务部经理，一个负责平面设计，老板本人负责杂志的排版和印刷。就这样一家公司，我去面试的时候，过五关斩六将，面试了三轮，才最终留了下来。

就这样，我拥有了第一份工作。

那时，我每天总是第一个到公司，到公司后打扫卫生，整理文件，一切收拾完毕以后，正式开始一天的工作。不忙的时候，我还要给每个在炎热日头底下跑业务的同事端茶倒水，同时还要接听咨询电话和帮忙搜集各种资料。

为了确保每本杂志都准确无误地投放，待每期出来以后，我还要自己去买邮票，贴邮票，一一核对地址，将杂志放进邮袋里，再扛到邮局去。

为了更好地服务客户，方便联系，我把所有客户的联系明细总结并打印成册。生怕遗漏，所以每隔一段时间我就重新联系、核对一次。

这些琐碎重复而又没有任何技术含量的工作，一度让我觉得枯燥乏味，经常会有辞职的念头。但又必须继续下去，因为我需要这份工作糊口。我对自己说："不要害怕眼前的困顿，能把每一项枯燥乏味的工作坚持不懈地做下去也算是一种成功。这样的工作我都能坚持，以后其他的工作我也就不用担心了。"

三个月之后，我顺利转正，老板给我加了薪，还传授给我杂志内容资料的搜集和排版印刷等方面的知识。慢慢地我熟悉了整个杂志的制作流程，掌握了这门技术。虽然我只是一个小小的文员，但学到的东西却受用终生。

后来，老板把杂志业务转让给了一个大公司，而我是除了业务经理以外唯一被留下的老员工，工资涨了一倍，不再跑腿和端茶倒水，只负责杂志的排版和成品的投放。

这就是我刚毕业那段时间手忙脚乱的工作经历。总体来说收获还是蛮大的，它让我知道任何人都是不可能一蹴而就地过上自己想要的生活的，同时也知道只要自己努力付出，日子总会慢慢好起来的。

其实，就算我们飞得再高，最终也都要回归到生活的琐碎和人生的无奈当中，不好高骛远，踏实走好每一步，才能离目标越来越近。有时候放低姿态，降低自己的期待值，给自己一个机会真的很重要。也许这个门槛一开始很低，但只要你跨进去，慢慢沉淀，就能学到不一样的东西，你的平台也会慢慢升高。就像跳高，你总得慢慢加高竿子的高度才能看到自己的潜力和成长。没有人一上来就把竿子放到最高的地方，也没有人会在努力很久以后没有任何提升。

人生有太多的事情需要自己去独立面对，吃饭、呼吸、快乐、悲伤、恐惧、寒冷、饥饿、贫穷，这些都是别人不能替代的事情。人要学着独立面对这个世界才能与它和平相处。

学会独自面对，并改正自己的惰性、好高骛远、盲目、虚妄、眼高于顶、缺乏行动力等缺点，一个人只有把眼前的事情解决好了，才能做好将来的事情。一心只想成大事而不顾及眼前的人，都只不过是为自己的懒惰和好高骛远找借口而已。一屋不扫何以扫天下，不能很好地面对现在，做好当前的事情，你又如何能为你的未来负责？

所以，我想告诉那些刚走上社会的年轻人，千万不要活在自己的幻想中，那些不过是你对自己的误判，不要想那些离谱的事情，不要只躺在那里幻想而不行动。靠臆想出来的世界终究是要坍塌的，趁一切还不晚，一切还来得及，抓紧走出思维的误区才是你应该去做的。

万丈高楼平地起，即使是摩天大楼也需要建筑工人一砖一瓦的建设，也需要打好地基。所以每次快要坚持不下去的时候，我都告诉自己再坚持一下，最穷不过要饭，不死终会出头，我就要看看最坏能有多坏，最差能有多差。就是这样的信念，一直支撑我走了这么多年。如今，工作渐渐走上正轨，各种问题也能应付自如。我开始过上了以前自己想而不得的那种生活。

只要你足够勤奋，足够努力，这个社会总会公平待你。不要总想着一步登天，不要把自己最珍贵的岁月白白浪费掉，走好人生的每一步，就是最大的成功。

因为最艰难的路我自己走过，所以我骄傲；因为最痛苦的时候我没有迷失，所以我自豪。

6. 当下没过好，未来又怎么会好

古希腊哲学家柏拉图有个堂弟，叫格劳孔，年纪轻轻就想做城邦的领袖，并希望能够非常潇洒而博学地当众演讲。一个年轻人能有这样的理想，这当然是好事，可他的知识和才能都还很欠缺，又不愿意去学习，成天胡思乱想，一件正事也不做。这件事被柏拉图的老师苏格拉底知道了，就决定开导开导这位年轻人。

一天，看见格劳孔迎面走来，苏格拉底就喊道："喂，格劳孔，听说你决心做我们城邦的领袖，这是真的吗？"

"是的，我的确是这样想的。"格劳孔回答。

"好极了。倘若你的理想能够实现，你就能帮助你的朋友，帮助你的家庭，为你的祖国增光。那时，你无论到那里，都会受到人们的敬仰。"

听了这番话，格劳孔非常高兴。

苏格拉底接着说："可是，格劳孔，如果你想要受到人们的尊敬，就必须对国家有所贡献才行。"

"正像你所说的。"格劳孔回答。

于是，苏格拉底问他打算怎么做。

格劳孔沉思良久。

苏格拉底问他是不是要让城邦富裕起来。

格劳孔忙说："是的。"

苏格拉底又问，税收从何而来？如果不够怎么办？为何维持国家的收支平衡？

格劳孔哑口无言。很显然，他从来没做过这方面的准备。

见他这样，苏格拉底就开导说："一个国家人口众多，情况很复杂，一些问题确实很难解决。其实一个国家和一个家庭大体相似，你要想学习，可以先拿家庭做实验，我觉得你可以拿你叔父家试一试！"

格劳孔回答道："只要叔父肯听我的劝告，我一定能帮助到他们家。"

听到这儿，苏格拉底笑了："你连你叔父都说服不了，还想所有雅典人都听你的？如果你真想实现你的理想，受到别人的赞扬，就应当努力求得最广泛的知识，从身边的小事做起。只有这样，你才能在处理事务的时候，做到有的放矢，达成自己的目标。"

在我们身边，肯定会有像格劳孔这样的人，这类人一直都怀有很大的理想抱负，简直就可以开疆拓域、横刀立马，可是却把生活弄得一团糟。很多年过去，仍旧原地踏步，当初的那份理想和抱负被生活磨成了抱怨和喋喋不休，最后不得不选择缴械投降。

看着别人都能那么轻而易举就取得成功，而自己却只能在茶余饭后唏嘘不已，内心升腾出"羡慕妒忌恨"，以自卑消极甚至是仇视的态度看待别人的成功，觉得命运对自己不公，认为自己出身不好，没有生在有钱人家，自己空有一腔热血得不到施展，认为自己之所以不成功全都是社会的原因。

然而真的是这样吗？

仔细研究这些人，你会发现他们都有一个通病——行动力特别差，缺乏韧性，受不了挫折，又抱有一些不切实际的幻想。他们往往空有梦想却不能落到实处，或者说他们大多惧怕付出，稍微努力一点点，看不见收获就想着放弃，他们总是幻想靠外在力量实现自己的理想，觉得身边的人都应该帮助自己，对社会和他人要求严苛，从来不在自身找原因。

以前，我特别害怕会成为这样的人，我怕有一天跟自己说我认命了，不想继续了。所以我每天都强迫自己去奋斗、去接受挑战，在本职工作做好之余再多学一些东西。多学东西总是有百益而无一害，有了丰富的知识和足够的经验，你往后的道路只会越走越宽，越走越容易。

人生其实就是一个不断奋斗的过程，如果你不曾浪费，一如既往地坚持，你不是只想着追求最终的结果，而是努力把每一步走扎实了，那么你的人生肯定会"芝麻开花节节高"。

如果只盯着自己幻想出来的美梦，而不去思考如何行动，那你就注定得不到自己想要的生活。

不要担心自己的理想和现实差距太多，不要总想着我努力了，万一还是实现不了怎么办。如果你努力了，就算最后没有实现也无愧于心。只要努力了，你就不会原地踏步，就一直在前进的路上。或许你现在资历很浅，也没有什么经验，但这又有什么关系？你欠缺的不过是行动而已，只要行动起来，每一个明天都比今天更好。你每一天都过得丰盈，路途遥远又怎样，梦想实现不了又如何，只要对得起自己，你的一生就是有意义的。

英国威斯特敏斯特大教堂的墓碑林中有一块古老的墓碑，上面写着这样的墓志铭："当我年轻的时候，我的想象力从没有受到过限制，那时我梦想改变这个世界；当我成熟以后，我发现我不能改变这个世界，我将目光缩短了些，决定只改变我的国家；当我进入暮年后，我发现我不能改变我的国家，我的最后愿望仅仅是改变一下我的家庭，但是这也不可能。当躺在床上，行将就木时，我突然意识到：如果一开始我仅仅去改变我自己，然后作为一个榜样，我可能改变我的家庭；在家人的帮助和鼓励下，我可能为国家做一些事情。然后谁知道呢？我甚至可能改变这个世界。"

由此可见，永远不要把眼光只盯在太遥远的目标上。当你的眼光一直望向天空，你可能就会忽略脚下的风景，忽略一切你原本应该珍惜的人和生活，你也会被那个庞大的梦想压得喘不过气来。但如果把目标细分到一个个的阶段上去，从简单入门，一步一个台阶，事情的结果也许就会不一样。

或许我终将一世平凡，但至少我努力不平凡地活过。我不曾退缩也不曾后悔，每一天、每一个过程我都过得丰盈。我只求当下心安无愧，管它生活最终将去往何方，只要我每天都进步，这样的小确幸就足以灿烂我整个人生。

7. 十年后，我会成为什么样的人

　　十年前，我大学毕业不久，工作不顺利，生活压力大，天天各种负能量爆棚。一个人的时候，我就问自己："十年后，你想成为什么样的人？"

　　那时候，我一无所有，但内心的答案却异常笃定。我对自己说："你这辈子要么写东西要么做点生意吧，反正一定要过得精彩。"

　　十年后的今天，我达成了三个愿望：定居云南，有了自己的店铺，经常还能写点文字。当年觉得不可能，如今一件件全部呈现在我面前。

在这辛苦的十年当中，我悟出了一个道理，那就是一个人就算一无所有，只要他知道自己想要什么，并且心思笃定地一步步奋斗，生活这双无形的大手总会把最意外的惊喜慢慢推到他的面前。付出总有回报，命运不会辜负任何一个好好生活的人。

如果你不知道自己究竟想要什么，又急切地想要一个结果，那么即使你拥有再多，可能也终究会把生活折腾成一地鸡毛。所以不论我们处在怎样的年纪，处于怎样的情况，都应该能静下来问问自己究竟想成为什么样的人。

只有找到自己的目标并为之不懈努力，我们才不至于莽莽撞撞，才能有的放矢。

对于刚刚走上社会的年轻人来说，二十岁到三十岁的年龄是人生最重要的黄金十年，这十年一定要好好积累，为以后的人生做好铺垫。

著名怪才作家马尔科姆·格拉德威尔曾在《异类：成功人士的故事》一书中说："无论是最优秀的运动员、企业家、音乐家还是科学家，经调查你都会发现这样一个结论——他们都是在付出了至少长达十年、每天不低于三小时的努力之后才崭露头角的。"这本书里有一个非常著名的理论，即 10000 小时定律，大概的意思是说一个人想在任何领域取得成功，都必须至少经过 10000 小时的磨练。

更何况每个人的天赋不同，资质有别，别人五年能做成的事情对你我来说或许需要十年乃至更长的时间。但是只要不放弃，我们就还有希望。遇到困难不要急躁，对于暂时的失败不要气馁，要明白人生的路很长，你还有很多的机会去尝试，失败不过是人生的一个小插曲。

俄罗斯著名小提琴家马克西姆·文格罗夫 4 岁的时候接触第一把小提琴，就展现出了过人的天赋。不过如果他不拿出与天赋成正比的努力，不每天坚持练习 7 个小时的琴，也不可能 5 岁就举办独奏会，10 岁就获得"青年维尼亚夫斯基比赛"的第一名，16 岁就获得国际大奖。

马克西姆·文格罗夫说："我母亲每天晚上 8 点回到家，吃完饭之后就开始教我小提琴，一直练到凌晨 4 点才上床睡觉。对于一个 4 岁的孩子来说，这简直就是酷刑，但两年后我变成了一名真正的小提琴手。"可见一个人即使再有天赋也不可能随随便便就成功，他们之所以成功恰恰是因为付出了你我都想象不到的努力。

知道自己想要什么，才能少走一些弯路。不过比这更重要的是，你必须为这个目标开始规划并付诸行动。如果没有把目标贯彻到行动中去，那么你和那些没有目标的人并无二致。知道自己想要什么很容易，去实现它却很难，大部分人都是经受不住夜晚的黑暗而最终放弃奋斗到黎明，这不得不说是他们的遗憾。

十年前，我确定自己未来发展方向的时候完全是出于本心。

当时我经济上正青黄不接，眼下最重要的事情就是找一份可以养活自己的工作。后来我在一家小广告公司找了一份文员的工作，每天的生活琐碎而且疲惫，经常会对未来产生迷茫和动摇，不知道自己到底能坚持多久。

老实说，一开始我特别痛苦，因为还未找到梦想和现实之间的平衡，总觉得自己很委屈，渴望一心一意追求自己的梦想，却又不得不妥协于现实，心里特别迷茫。

好在我慢慢认清了现实，转变了思路，知道自己不过只是一个空有目标的小丫头，知道一个人不论想做什么事情，都得拿出成果，用事实说话，不行动的结果只能是无休止地抱怨。

于是渐渐地，我摆正了自己的心态，在现实和梦想之间找到了平衡。那时的我只是一个出卖劳动力的打工仔，上班的时候我就把自己的工作用心做好。晚上回家，我就可以尽情去做我作家的美梦，看书写作，不亦乐乎。心态好了之后，我整个人也轻松了很多，不论遇到什么样的挫折和不愉快，也都能够平静地对待。

一个人丰富的阅历终究会变成他的资本，开拓他的视野，这都是为自己宏伟蓝图添砖加瓦的修行。丰富的社会经验会让一个人沉淀得更厚重。不论你在做什么，只要是积极向上的，都是在积累自己的未来，现在积累的经验财富都将成为你未来翱翔的翅膀。

后来我跋山涉水来到了云南，来到了这个四季如春的地方。刚来的那段时间，我先后换过很多工作，也因此发现了当地市场的需求，然后开始着手做真正属于我自己的事业。再后来，经过好几年的努力，我有了自己的店面，日子也渐渐上了正轨。

这个过程就好像我很想拥有一只漂亮的公鸡，但是没有资本直接去买，那我就可以选择先买一只雏鸡；如果我连雏鸡都买不起，那还可以考虑先买一个鸡蛋；如果连鸡蛋都买不起，那我也可以先给母鸡打工，让母鸡给我一个鸡蛋作为工钱。

　　我就是这样一点点积攒自己的力量的。相对于那些一下子就可以拥有一只漂亮公鸡的人，我可能需要花费更多的时间和精力。可是你知道吗？即便这个过程异常艰难，现在想来我却是十分充实和自豪的，因为我手里的每一个鸡蛋都是真正属于我自己的。

　　也许今天的你还没有什么想法，你也没好好考虑过十年后将成为什么样的人，这都没关系，你只要不让时间虚度就好。不论你是在上学还是已经参加工作，也不论你如今是否一无所有，都不要放弃当下。在学习的时候好好珍惜学习的机会，在工作的时候努力工作，空闲的时间里少搞一些毫无意义、铺张浮华的聚会，多学习点新的技能和知识，为自己的未来积攒足够的支持。就算你搞不清楚自己要什么，如果你这样坚持下去，十年后的你至少会比今天的自己优秀百倍，因为你积累的厚度终将决定你未来发展的高度。

　　不要迷茫，不要踟蹰不前，多问问自己，十年之后，你将会怎样？

第二章：

我们努力，
是为了
配得上自己
所受过的苦

我只是和
这个世界
不够默契

1. 不将就，不凑合

"不将就，不凑合"是现今很多新新人类的座右铭，越来越多的小青年都宣扬着这样的理念，彰显自己的个性。我的好朋友小Q，无疑对这六个字作了最贴切的注解。

年少时候的小Q和所有的女孩子一样，很傻很天真，对待爱情抱有不切实际的幻想。大学时，她谈了一个男朋友。男朋友出身单亲家庭，小Q觉得要给他更多的关怀。为了照顾他，她甚至改变了自己的饮食习惯。

毕业后，男生不愿意留在西安，也不愿意去小Q的老家。无奈，小Q放弃了自己的一切，跟着男生去了他的老家——西部偏远山区的一个落后城市。大家都劝她："你可想好了，这一去可能你这一辈子都无法离开那个地方了。"而小Q满脸憧憬，谢绝了所有人的劝告，毅然决然地踏上了西去的列车。

我们都以为她这辈子要在那个贫穷的小城市里生根发芽了，不承想，一年以后小Q就回到西安，考上了研究生。我们都特别好奇是什么让她果断放弃了曾经心爱的男人。

小Q云淡风轻地说："他和他妈妈总是只管他们两个人，完全不顾我的感受。在他家里，我总觉得自己多余，每天杵在那儿，非常尴尬。一想到我这一辈子都要在这个城市度过，孤独落寞地当他和他妈妈的旁观者，我就没有办法说服自己这么将就凑合地生活下去，我想我一定会后悔。与其以后后悔，不如趁还来得及，现在就做决定，这样对双方都好。"

虽然小Q表现得很平静，但是我们都看得出来她的心很痛。就像她说的"长痛不如短痛"，早早结束这样的错误就不会发生更大的错误，对彼此都好。

三年后，研究生毕业，小Q只身去了北京，不为任何人，只为了圆自己的梦。又过了三年，小Q去了一家大型外企。又三年，她成了公司部门主管。

小Q说，她现在是想通了，自己的人生就该自己把握，任何时候都应该不将就，不凑合。现在的她，经常全世界飞，咖啡只喝现磨的，衣服、鞋子只买四位数以上的。她一直非常努力，才有资格这样任性。

不过，在我看来，"不将就，不凑合"这六个字也是分情况的。像小Q，不愿意凑合自己的生活，不愿意将就自己的人生，通过自己的打拼，实现了梦寐以求的生活，这当然是值得我们每个人尊重和学习的。还有一种"不将就，不凑合"，恰恰有可能会破坏我们原本美好的生活。

有一次，在一个QQ群里和关系特别好的网友聊天。她告诉我，前一段时间她在网上看到一篇名为《太懂事的姑娘，大多没什么好结果》的文章之后，果断和她的丈夫吵了一架，最后把婚给离了。该网友说，她不打算将就凑合了，她凑合了这么多年，不想再过这种日子了。据我们所知，她家男人还是不错的，对她很好，也没什么不良嗜好，就是平时勤俭节约一些，买超过一百块钱的东西就要精打细算，所以对于她的选择，我们都表示不解。

她和她的男人刚认识的时候，两个人都没什么钱，所以一直很节省。他从来没给她买过一件像样的礼物，就连他们结婚时候的戒指都是地摊货。这她当时也都理解，觉得只要两个人相濡以沫，努力奋斗，生活总会好起来的。

经过好几年的打拼，他们现在条件好多了。她就想着对自己好一点，买点好的衣服、好的化妆品，可她的丈夫连她这样的要求都不同意，有时候她用自己的工资买，也会遭受冷嘲热讽。

说到这里，她发了那篇文章的一段原话："当一个男人送你一份廉价的礼物，他竟然从不觉得你满足的笑容是出于对他自尊心的疼爱。这样的礼物从此连绵不绝，可是再不是当年一样的情谊。他会忘了你曾经愿意吃多少苦、用多少心去体谅他、陪伴他，他开始觉得在这样的陪伴和牺牲里，你也收获了自己想要的满足和爱。我认为我不是个物质的女人，但是我开始懂得，从我收下第一份廉价的礼物开始，在他心里，我便从此是几百块钱可以取悦的、不识货的女人。"

然后，她反复强调："没错，在他的眼里，我永远都是那个几百块钱就可以取悦的、不识货的女人。既然如此，那只好让这段关系终结了。"

打那之后，她在群里就很少说话，不像以前那样喜欢闹腾。

有一天，闲来无事，我们又聊了起来。

我问她："你现在快乐吗？"

她说："一开始蛮快乐的，想要什么买什么，再也没有一个人在跟前絮叨个没完没了。可是一想到以后再也没有一个人约束自己，又觉得很失落……"

我们群里所有人都觉得她的婚离得太轻率，有点小题大做了。

人有时候就会这样，有一点约束就叫嚣着渴望自由，就打着"不将就，不凑合"的口号忘乎所以。其实不然，心还是那颗心，被管制不快乐，不管制就快乐了吗？这其实是我们逃避生活的一种方式。

有时候，我就在想到底什么样的人生才算是不将就，不凑合呢？对于个人而言，不将就凑合现状，努力奋发前进。可是对于别人，我们就不能那么苛刻。人无完人，谁身上都有缺点，如果因为不能忍受别人的一些缺点就恶语相加，还美其名曰"不将就，不凑合"，这其实都是自私心在作怪。

与人产生摩擦，忍一忍，大事就化小，小事就化无了；红绿灯前等一等，等待那么一两分钟，可能就避过了一次危险；同事总爱占便宜，这次你吃亏，没准下次你就占了大便宜了；家里关系不和睦，心平气和地把道理说清楚，也就什么事情都没有了。

把一段糟糕的关系或者一件不喜欢的工作努力做到自己喜欢的样子，应该就叫"不将就，不凑合"吧！就像是一个日渐堵塞的下水道，你要做的不是凑合着用，也不是立马重新换一个新的，而是想办法去疏通这个已经堵塞的管道，使得它变得畅通无阻。

2. 不是所有的猪，站在风口上都能飞

小米创始人雷军说，只要站在风口上，猪都能飞上天。

于是乎，这句话一时间成为青年一代妄图跻身大富豪行列的激进口号。想想也是，即使是猪，站在风口上都能飞上天，何况是我们？怎么着我们都比猪强吧！

可是我们冷静下来好好想想，站在风口上的猪真的能飞上天吗？即使能飞得起来，落下的时候能站稳吗？如果站不稳，会不会摔得很惨呢？再说了，就是能飞，猪与猪也不一样，别人能飞得起来，并不代表你也能。我个人认为，这句话不过是雷军自己的一种谦虚或者自黑罢了。听听就行了，千万不能当真。

我有个堂弟，从小就心高气傲，天不怕地不怕，他的座右铭是"成王败寇"，雷军和马云是他的偶像。他觉得男人生来就是干大事的，他希望有朝一日可以像他们一样。无奈他做的大多数事情都有始无终，生活过得始终鸡飞狗跳的，连份像样的工作都没有，二十好几的人了，到现在还在啃老。

我叔和我婶眼看着自己的儿子不务正业，心急如焚。他们有时候就打电话给我，说我做事稳重、懂事，让我好好劝一下这个弟弟。可是每次我给他打电话，说不了几句，他就会把我堵回去："一准又是我妈跟你说什么了吧？得得得，每个人都有追求梦想的自由，我的心气儿你不懂。""别听他们瞎说，他们就是个摆设，一点儿忙都帮不上我。""姐，我是个要成大事的人，无奈我心比天高命比纸薄。你要是真心帮我，你就想办法帮我贷笔款子，等我发达了，翻倍还你……"如果我问他有没有什么具体的计划，都做了哪些准备，他就会暴跳如雷，丢下一句"不想支持就直说嘛，何必拐弯抹角问这么多"，然后挂断电话。

家里有这样一个孩子，大人不知道有多头疼。听我婶子讲，堂弟毕业之后就没正儿八经做过一份工作，每次都是三天打鱼两天晒网，总觉得现在的生活不是自己想要的。他最想做的事情是创业，想当大老板，可是他却从来没有做过这方面的努力，甚至连做什么、怎么做都没想好。

这样的年轻人还有很多。

其实他们并不缺乏勇气，也不缺知识，更不缺乏才能，他们最大的问题是缺少对自我的客观认知。他们当中很多人并不知道如何才能成功，却单纯喜欢许多世俗的光环，比如豪车美女、金钱别墅。因为缺少深思熟虑，又不做冷静分析，对理想和现实之间的差距估计得过于乐观，往往忽略了通往成功的那段漫长而泥泞的寂静之路。

他们也不缺风口，或者叫机会，欠缺的是争取机会的决心和发现风口的眼光。

真正有能力的人，从来不害怕现实的残酷，因为他们能够克服面前的困难。只有那些没有真能耐的人，才会把自己的一无所成归结于出身或者客观条件。

我和堂弟是截然相反的两个人。我做事特别谨慎，所走的每一步都力求踏实，我从来不相信天上会掉馅饼，也不相信一口能吃成胖子。不管进入哪一个行业，我都会先花很长时间去考察，再根据情况分析利弊，最后才会下结论，要不然绝对不会冒这个险。就拿开店这件事情来说，一开始我也没有一点资金，但前期做了很多积累，还在相关行业工作了很长时间，最后才下定决心做。

堂弟总是说我胆小，其实我并不是胆小，而是认真谨慎，以极其负责的态度认真对待每一件自己决定要做的事情。谨慎没有什么不好的，这样你才能走得安全，才能稳步前进。

我不是一个生来就具备太多天赋的人，一路走来靠的也都是自己实打实地去争取，去奋斗。这世间大部分人都和我一样，任何的一夜成名都不是天上随便掉下来的馅饼，都是在黑夜中苦苦寻找的结果，所有的成功都是用血汗拼出来的。

所以，我想给如我堂弟一样的年轻人泼一瓢冷水，给这浮躁的世界打一针镇定剂。

如果你不够努力，不够有天赋和头脑，即便给你机会，你也成不了雷军。大鹏在《先成为自己的英雄》里这样说："我不是一个特别会说话的主持人，我脱口秀的稿子都是提前写好的，当然我还是坚持要自己写稿子的。对于我来说，写比说更自信些，因为有更长的时间做准备。我那些优秀的主持人同行们，他们从反应到思考到下结论到表达出来的整体速度都非常快，这一点我不擅长。"

你们觉得大鹏之所以成功是因为他有一个好机会吗？他命好，进了搜狐，所以才有了今天的成绩？我并不这样认为，并不是哪个风口造就了他，而是他拥有飞行的能力并发现了风口。他自嘲不是一个特别聪明的人，但是他比很多聪明人或者自以为聪明的人更努力，这才是他能成功唯一的原因。

作为"一只普通的猪"，我们不能总是躺在"猪圈"里，仰着头盯着天空发呆，总梦想着能够飞翔。我们需要认清自己，从"猪圈"里爬出来，脚踏实地地学会走路甚至奔跑，这才是我们对自己负责的方式。

3. 自己有伞便不担心下雨

总体来说，虽然这些年我曾经遇到过不少的困难，但还是属于比较幸运的那种人。这么多年来，我遇到了一个又一个"禅师"，他们用正面或者反面的方式，让我懂得只有随时有能力为自己准备好"伞"，才可能在人生的任何机缘巧合下，独自扛过黑暗，而不用担心疾风骤雨。

我遇到的第一个禅师，当然就是我老爹。我老爹是出了名的"唐僧"，每天他都在我面前念叨个没完。他的啰嗦往往从宏观到微观，从大道理到鸡毛蒜皮的小事，最后落在我每次出门的最后一件必备物品——伞上，他总是语重心长地对我说："古人说，饱带饥粮，晴带雨伞，你别看这会儿晴空万里，没准过一会儿就乌云密布了。"

在他的念叨和强迫下，无论天晴还是下雨，我书包里总有一把沉甸甸的伞。很多人经常问我为什么明明不下雨，却还带着把伞，我都这样回答他们："我爹说了，古人云，饱带饥粮，晴带雨伞。"

这些年来，因为我爹的未雨绸缪，我躲过了一场又一场忽然而至的暴雨。

年轻人谈恋爱，总是有这样的桥段：忽然来了一场雨，姑娘小心翼翼地在檐下躲雨，有点急切，不断地张望。这时，一位小伙子撑着一把漂亮的油纸伞，走到姑娘跟前，温柔地说："我送你回家吧。"姑娘羞赧地点点头，躲在小伙的伞下，并排着缓缓离去。笑声在雨中荡漾着，渐行渐远。

因为我通常都带着伞，这样的桥段从来没有发生在我身上。

大一的时候，我暗恋一个男生。有一天晚自习后，大雨突至，同学们都被挡在了教学楼下。

那个男生也在，而且就站在我旁边。我犹豫再三，终于鼓起勇气邀约："我有伞，我送你回去吧！"结果他并没有理会我，而是冒着雨跑回了寝室。

后来闺密跟我说："你把桥段弄反了，你得改掉包里放伞的习惯，不然你找不到男朋友。"但我觉得，欣赏你的人终究会欣赏你，不欣赏你的人你再怎么努力也没有用。下雨天，如果你没有带伞，又等不来那个人，难道要淋着雨回家？况且就算你等到了，两个人一把伞，有可能都被淋成"落汤鸡"，倒不如彼此都撑着伞一起回家呢。

接下来的那些"禅师"，当然是社会上的一些打击了。他们有些欺我少年穷，有些冷漠拒绝，有些落井下石，让我很早就知道了这个社会的复杂。吃一堑长一智，虽说当时我受到了伤害，可正是这些伤害让我变得强大，让我能够抵御大风大浪。

这些人还让我明白要想成为一个强者，必须从两个方面努力：一个是学在脑中的东西；一个是揣在兜里的钱。在第一份工作才几百块月薪的时候，我就开始攒钱，花了半年的时间攒出一个月的工资。虽然不多，却着实不易。我并不是不花钱，而是善于做规划。年轻人一定要学会规划自己的钱财，不能永远都做个月光族。尤其是在你最穷的时候，一定要在经济上扛得住，千万别让自己的生活陷入困境。

我们都应该具备抗风险的能力，哪怕那能力很微小，也要去

点滴积累。学会理财，学会知识积累，都特别重要，这样会让我
们的生活逐步向好的方向发展。无论此时多黑暗，我们终将会用
自己积累起来的力量，冲破云层，沐浴阳光。

最近接触了90后一代，觉得他们的思想都特别超前，月光族、
透支族、啃老族到处都是。对于这种享受起来就不顾一切的人，
我还是挺羡慕的，但我不太赞成这种毫无顾忌的消费方式。当然，
如果你家底厚，那也是无所谓的。

所以更好的方式应该是，享受生活的同时还要留下一部分资
金存起来当作风险金，或者拿出一部分用来投资。

除了存钱，还有一种形式的"伞"，那就是强化、提高自己的
工作能力。不一定要做一个事事兼备的全才，但一定要在某个方
面不断加强。有一个能够养活自己的技能，你才能不慌不忙，才
能继续坚定地走下去。

一个朋友在离婚一年后对我说："我原来几乎没上过班，十年
左右的时间，都放在家庭上。后来老公有了新人。离婚后我被扫
地出门，带着孩子回父母老家，找了单位上班，自己接送孩子，
辅导孩子做功课，每天都很忙，可是却忽然觉得人生前所未有地

充实与自信。我原来以为女人干得好不如嫁得好，现在看来，自己好才是真的好。"

这段话几乎让我飙泪。生活很长，谁都不能预料将来，唯愿我们都能积累一把属于自己的"伞"，让我们在行走世界的时候能够从容不迫。

4. 小欲望，小满足，才是大幸福

　　朋友A君，上学时候出了名的努力，那些熬夜看书、吃饭背公式、上厕所还要背单词的事儿，他都如家常便饭。毕业之后，他到了深圳的一家小公司。经过了十年的打拼，此时的A君工作上步步高攀，学业也更上一层楼，据说已经拿到MBA学位了，现如今是深圳某跨国集团高管。

　　别的同学们大都在吃力地供着房贷、车贷，被现实压力压得几乎喘不过气，而A君早已摆脱了这两座大山，着实让人羡慕不已。

　　前段时间，同学聚会。酒桌上，事业有成、功成名就的A君自然成了同学们关注的焦点。孰料酒过三巡，A君忽然放下酒杯，眼神迷离，酝酿半天之后一把扯掉自己的假发，怆然流涕道："别人羡慕我事业有成，我却羡慕别人逍遥自在。以前我一直觉得，没有爹可以拼，就只能拼命，可是现在当我每晚依靠安眠药还只能睡三小时的时候，我发现我错了。我才三十岁，你们看我的头发都掉光了……"

听他这么说，我们都很惊讶，目瞪口呆。

那次聚会之后，A君主动去看了心理医生，工作不再像以前那么拼命，生活上开始注重养生，注重劳逸结合，把吃饭、睡觉、锻炼放在非常重要的位置，每天都督促自己严格执行。现在A君最喜欢以过来人的身份教导那些刚参加工作的人："年轻人，你要知道，没有爹可以拼并不可怕，没有命去拼才是人生最大的败笔。"完全一副痛改前非的样子。

之前，我收到一个90后小女孩的来信。信中女孩说她觉得人生好绝望，家庭不富裕，拼不了爹，长相也很低调。她一再强调她的人生没有希望，每天活着很累，简直就要崩溃了。

她说，为了减轻家里负担，她从大一时候就开始做各种兼职努力赚钱。而为了不耽误学业，她又必须好好学习。本来休息的时间就少，现在更少了。长期的忧虑疲惫让刚上大三的她经常彻夜难眠，为了不耽误第二天的工作和学习，只能靠药物强迫自己休息几个小时。这种折磨让她处于崩溃和绝望的边缘，不知道自己将来何去何从。

在信中，她一再恳求我帮帮她。我和她说我真的帮不了她。如果她自己不去想办法解决，没有任何一个人能帮到她。事实上，如果她没有办法放下执念，学会更加合理地生活，那么她现在的困境是没有办法解决的。

之前加了一个年轻妈妈QQ群，有时候我们会一起在群里分享一些教育孩子的心得，同时也会讲述其中的艰辛。

一个网友的孩子刚上一年级，学校就开设了英语课程。为了让孩子好好学习，她和老公专门聘请了外教，费用非常高。夫妻俩觉得压力非常大，只能没日没夜地工作，经常一个星期也说不上几句话，更别说家庭聚会什么的了。

还有两个网友的孩子面临小升初，每逢周末这两位就跟着孩子一起参加各种培训班，什么奥数、钢琴、德语、法语、声乐、绘画、围棋、跆拳道，统统学了个遍。要是她们想去考级，我估计轻而易举就能拿到证。

看着她们每天这么忙，我就问："你们干吗要学那么多呢？"

她们的回答很一致："我家孩子如果不学的话，有可能连市区一般的中学都进不去，更别说进重点了。就这样，也早已落后同龄人很大一截了。孩子小，自觉性不够，父母再不上心，孩子以后怎么发展啊？"

我竟无语。

现在这个社会就是这样，无形之中给人太多的压力。

茫茫大海中孤立无援，你怕如果不努力，就会被无情地淘汰。你总以为你就应该拼了命努力，才能对得起自己。

其实你只是太焦虑了，导致不敢停下来好好考虑一下。你以为吃饭的时候背单词，就能说明你比常人努力，你以为晚上赖着不睡觉就是没有辜负人生，这其实只是在寻求一种心理安慰，用一种极不健康的行为来对抗这个世界，而到头来你终究会败给你自己。

你省去了吃饭、睡觉、休息的时间拼搏，总觉得自己吃的苦已经够多，你以为你很努力了，其实做的大多数都是无用功。上天创造白天和黑夜就是为了告诉我们休息和工作同样重要。该努力的时候好好努力，该休息的时候好好休息，你照样可以取得不错的成绩。那样成功或许来得稍微迟一些，可那有什么关系呢？

你不仅享受了奋斗的过程，而且最终还得到了结果，还有什么能比这更让人欢喜的呢？

　　有时候，我常常会想，我们跑那么快究竟是为了什么？

　　十岁的时候，想过成年人的生活；二十岁的时候，要过人家用了一辈子甚至是几辈人努力积攒来的日子。如果得不到，我们心里就开始不平衡，以为以牺牲自己休息的方式拼搏，就应该能超越别人。这是我们的误区，也是我们不幸福的根源。

　　别说你很有可能超不过，即使你超越了又能怎样呢？你的身体毁了，家人的希望没了，你奋斗得来的所有东西不过一场幻境，这一切真的值得吗？放下心中一些虚妄的执念，接受自己普通人的身份，按照普通人的步伐，一步一步慢慢往前走，累了就歇一歇，饿了就好好吃顿饭。

　　这个世界上最奢侈的事不是有一个有钱的爹，也不是不顾一切去追求梦想，而是有一颗能在平凡日子里好好吃饭、好好睡觉、好好学习、好好工作的心。这样才能让我们于浮华中不浮华，永远知道自己想要什么。不疾不徐，不骄不躁，不问前程如何，我自稳步向前，哪怕是蜗牛的速度，再慢也有进步的喜悦……

5. 真正的成熟就是不再羡慕别人的人生

"流光容易把人抛，红了樱桃，绿了芭蕉"，眼看着又一轮的"黑色六月"逼近了。

工作之余，常常会有高考生询问我有关升学的问题。其中有个孩子问了我一个哭笑不得的问题："姐姐，你觉得对于我们这些文科生来说，是不是去西安和北京这样有文化底蕴的城市读书，才能有前途啊？"

遇到这样的孩子，我都会循序渐进地了解他们为什么会这么认为。因为我觉得到哪儿读书并不重要，怎样把书读好才最重要。况且云南本来是一个很有魅力的省份，步步风景，处处特色，一点也不比别的地方差。

随着对他们的了解，最后我得出的结论是：他们想当然地认为云南没有文化底蕴，没有好大学，也因此就想当然认为，如果去了北京和西安这样有文化底蕴的城市读书、学习几年，自己也会变得有文化。

但真的是这样的吗？

我国是一个地大物博的国家，每个地方都有自己的传统文化，每一座城都有自己独特的灵魂，它只和善于发现它的美并懂得它的人相遇。很多东西，如果你不用心去了解，根本就不懂得它的美好。你不了解，并不能说它没有。

其实，一个人在哪座城市读书或者工作、生活，并不一定能为他的文化底蕴加分。一个对本地文化都丝毫不敏感的人就能对别的城市的文化敏感了吗？我觉得不太可能。一方水土养一方人，你身体里流淌的是你从小生活的那个地方的血液，你的各种习惯早已深深地烙在你的骨髓里，你永远都会带着故乡的印记，不可能忘记你的根，即使你刻意忽略那些东西，也否认不掉。

生活中，有太多人活在想当然里，以为能去一个特别好的地方上学或者工作，自己也会变成特别好的人。但事实是，并不是把你放在古城的墙根下你就有文化了，也不是把你放在图书馆里你就有知识了。

每一份地方，都有它不可替代的价值。在哪里读书、工作并不重要，重要的在于人心。即便身处同样的环境，有心的人就能处处风景、步步莲花，而看不到身边风景的人，到了远方也一样会觉得乏味。你不必羡慕别人，能在自己的世界里活出精彩，同样也是一种快乐。

别人有别人的好，也有别人的不好，说不定你羡慕他们的同时，他们也在羡慕着你。

看到朋友圈里的朋友们整天晒旅游、美食和购物的照片，感觉他们好像并不需要工作，财富就会不请自来似的，很多心理承受能力不好的年轻人开始觉得心里有点不平衡了，觉得自己事事不如意，学习不如意，工作不如意，什么事情都要自己亲自做，一天到晚累死累活，就像鲁迅先生笔下的"孺子牛"一样。

他们感叹甚至怨恨命运对自己的不公，觉得人家都有一个好爹妈，自己却没能投个好人家，别人都能有一场说走就走的旅行，而自己却只能做一场遥不可及的美梦。可你知道就在你唉声叹气的时候，还有很多人依旧在拼搏奋斗吗？有句话说得好，有钱人并不可怕，真正可怕的是那些有钱的人比你还努力。

其实，我们从朋友圈和空间动态里看到的都不可能是别人生活的全部。现实生活中，每个人都需要为柴米油盐奔波，你只是没有看到他熬夜工作，没有看到他挥汗如雨的付出，没有看到他在你休息的时候依旧独自奋战。你没有看到这些，是因为他们选择了默默承受，一个人扛着。他们只是觉得相对于羡慕别人，他们更愿意用双手为自己创造出美好的未来。

那些默默努力、静静承受的人只是用了很少的时间犒赏自己，在工作忙碌之余给自己一点闲暇的时间，给自己一份美食喂饱肚子，给自己一个礼物安慰自己的辛苦。而就当他们腾出点时间拿起手机拍下了此时自己的小欣慰的时候，你却不淡定了，这难道不是你自己的问题吗？

你不用羡慕别人到处旅行，如果你足够努力，从身边的小事做起，把现有的工作做好，升职加薪还会远吗？你为公司做了很多贡献，还愁没有假期吗？你薪水多了，还愁吃不起高档餐吗？不要刚站在人生的起点就开始自己无谓的抱怨，那样只会蒙蔽你的双眼。这个社会从来不缺职位，不缺资源，不缺成功的机会。你不主动去奋斗，不从身边的事情做起，成天想着天上掉馅饼，又怎么可能成功呢？

心中有风景，处处都是风景。倘若心中无风景，换多少地方，换多少工作，结果都是一样的。你现在处于什么地位，从事什么工作，不过只是你这个阶段的反应，如果想要改变，那先从改变内心开始。你要相信这世间处处是美好。

6. 做，才能改变

当年和我一起追逐梦想的姐妹中，有一个在北京。

和所有拥有梦想却不得不为生计奔波的小青年一样，她也只能做着一份与梦想无关的工作。这种游离于现实与梦想之间的举步维艰，足以让一个青年感到苦恼与折磨。我曾经经历过，所以特别能理解。

时间长了，这姐妹被摧残得有点人格分裂，焦躁、暴怒、忧虑、长时间失眠、内分泌严重失调。见我天天活得简简单单、不急不躁，她就问我："你一天事情那么多，又是开店，又是带孩子，还要做各种家务，怎么你各种娱乐活动一个都没落下？你到底是怎么做到的啊？"

其实我并无任何窍门。

一定要说有诀窍，我唯一的诀窍就是让自己忙起来，不胡思乱想，也不为现实与梦想之间巨大的落差痛苦。

这些年，我每天开店，常年无休，结婚生子，家务琐碎，没有一样能够逃脱。既然逃不脱，与其抱怨生活、折磨自己，倒不如把这种忙碌而充实的奋斗当作生命不可分割的组成部分。

若开店是为了生计，那么阅读则是为了抚慰这颗浮躁的心。为了多阅读，多学习，我甚至学习了华罗庚当年的统筹方法，让所有的事情都能快速并轨地进行，不拖延，不找借口，说做就做。

我的工作性质决定了我基本不可能有足够的时间去做自己喜欢的事情，看书、看电影、看电视剧，这些对我而言有点奢侈的消遣都只能见缝插针地融入工作中。

忙碌的过程中，倘若偶有感触，我就会马上记录在手机上。每更换一部手机，我都会马上下载三个不可或缺的软件——新华字典、成语字典和桔子写作。

字典当然是用来查生字生词的，这样就方便了我随时随地使用。桔子写作是用来记录我随时蹦出的感想和灵感的，这样就能保证我不会忘记刹那间的奇思妙想。我看书涉猎的门类比较杂，古今中外可谓是来者不拒，所以我的包里除了能装零钱、手机和钥匙之外，还必须能装进一本书，这样我就能在银行排队的间隙、等公交的间隙、出去吃饭的当儿，甚至是晚上睡觉前，随时看上几页。

我写文章基本上只能在夜深人静时完成。当然，我并不拿自己的健康做代价，虽然每晚回到家基本都十点了，但我会保证在十二点前睡觉。对于任何一个人来说，健康意味着一切，其次是家庭，再次才是梦想和工作。

现代人很多都说自己压力大，其实都是想得太多，做得太少。包括我那北京的姐妹在内，就是想了太多却没有实际迈开步子，所以才会有压力，才会焦躁。人闲出是非，说的就是这个意思，因为你脑子比较闲，就会想到很多"未来"，这些"未来"往往又很远很宏大，让人无法着手，让人喘不过气来。你讲抱负谈理想，这都没有问题，只是当自己还没有能力改变的时候，那么最好的做法就是抓住每一个现在，也许你的每一步迈得都很小，不会对未来有什么影响，但只要一直都是有计划地忙碌着，就总是会起到作用。

如果压抑久了，人的精神就会出问题。世界上的大多悲情，都源自对将来的未知和恐惧。未来还没有来，你现在还未迈出脚步，你只能空想、忐忑、心急火燎，所以你才会恐惧。一旦你忙碌起来，压抑的心情便会得到释放，你的精神也会在不知不觉间发生很大的变化。未来的每一天都会在你忙碌的今天里找到倒影。

最近我在网上看到这样一句话："忙是治疗一切精神病的良药。一忙起来，也不伤感了，也不八卦了，也不扯淡了，也不花痴了，平静的脸上无怒无喜，看过去只隐隐约约地写了一个'滚'字。"我觉得这段话很能说明现阶段的自己，也送给那些正在迷茫的你们。让自己忙起来，就不容易得"精神病"了，"精神病"都是闲出来的。

听完我的话，那姐妹也决定真正忙碌起来，做自己喜欢做的事情。当真正忙起来之后，她看到了方向，不再因为工作和梦想的冲突痛苦了，整个人洋溢着前所未有的干劲。这个月和她聊天，发现她发生了很大的变化，言谈间少了很多抱怨和焦躁。她说，她已经有一段时间没失眠了，连大姨妈都准时了。

第三章:

就是那些
不堪回首的过去,
成就了
现在的你

我只是和
这个世界
不够默契

1. 我凭什么被这个世界温柔相待

最近北方已然盛夏，而云南的天气却凉爽怡人。

某天，我一朋友S找我闲聊，聊着聊着，不经意间就弥漫起了伤感的味道。伴随着这样的气氛，S的负面情绪扑面而来。

S说她后悔了，后悔选择这样的男人、这样的家庭，后悔选择当初所学的专业，后悔从事现在的行业。她说："你不知道我的命有多苦，当初一定是脑袋被门夹了，才学了这个专业，后来是瞎了眼嫁了现在的男人。单位里净是些小人，净是背后下绊子的主，没一个好人。我家那口子天天忙得要死，家务一点不做，两人聊会天都是一件奢侈的事。"她继续说："我上辈子是造了多大的孽，这个世界才会这样对待我啊？我为什么就不能被世界温柔以待呢？"

S说得这么凄惨，我差点也开始怜悯起她来。

可是，凡事都有因果，可以说S现在的状况都是她自己一手造成的。

其实当年S学的专业挺好的，发展前景很好，她自己也特别喜欢。也正是因为自己喜欢，所以在刚开始工作的时候，她依然选择了相关行业，而且一度做得非常出色，在行业内也算小有名气。

但随着年龄的增长，当初的那份激情慢慢消退了。后来S变了，什么事情都得过且过，行业内的新技术、新知识也都不乐意学习，慢慢地她就和行业脱节了，事情也就做得没有那么得心应手了。以前老板总是把一些重点单子交给她做，见她不思进取，就给她安排一些简单轻松的事情。她觉得老板过河拆桥，于是就更变本加厉地应付工作。

心情不好的时候，S就喜欢上网吐槽，久而久之，迷恋上了玩手机游戏、聊天、发朋友圈等一系列与工作没有关系的事情。S的工作特别讲究团队协作，可她却总是拖团队的后腿，奖金还一点都不少拿。渐渐地同事都对她有点意见，只是碍于面子问题，大家都不明说。S也能感觉得到，结果她不反思自己，反而认为是别人的问题，认为别人在背后给她下绊子。

S原本有个幸福的家庭，老公虽然忙点，还是很顾家的，对她也很好，还有个可爱的孩子，不知道多少人羡慕呢。可她却不知道珍惜，不仅经常对她老公爱答不理，对孩子也是毫不上心。按理说孩子是母亲身上掉下来的肉，她该非常疼爱才是，可是她却一点都不用心。

有一次，吃完晚饭，我和她出去遛弯，看到她孩子身上有好几处伤，就问她怎么回事。结果她"哈哈"大笑，指着伤口轻描淡写地说："这是我那天玩手机没注意，他自己从床上掉下来碰的；这是我那天和朋友语音聊天时，他磕到桌子了……"

还有一次，在那孩子大概三岁的时候，一天晚上S带他出去遛弯。回来的时候，S遇到了一个很久不见的朋友，结果聊得忘乎所以，分开之后才发现孩子不见了。那次着实把S吓坏了，连忙发动全家出去找，找了好几条街，折腾了大半宿最后才找到。

她对自己的孩子都这样，可以想象平时在家里的表现如何。时间长了，她男人对她就冷淡了，对于她的种种行为都是睁一只眼闭一只眼。她就觉得她老公不关心她，觉得家庭不幸福。

我的一个客户是S公司的主管，有一次我向他打听S在公司表现如何。

主管刚开始讪笑着不做回答。在我再三追问下，他才松口。

他说："S嘛，人挺好的，业务在我们公司不算太突出。女人嘛，毕竟家里事情太多，负担重，思想无法集中，没法用心工作，这都是很正常的啦。"

主管这段话说得委婉，我知道他是口中留情了。

S确实是一个对很多事情都不够用心的人。几个姐妹一起聚会的时候，她每次都是心不在焉，独自低头玩手机，有时候一句话总要跟她说上好几遍才能引起她的注意。次数多了，大家再聚会的时候也就自然而然不叫她了。

S就是这样，用她自己这种无所谓的态度，不知不觉间失去了周围人对她的感情。原本朋友的亲密、孩子的依赖、公婆的尊重、丈夫的疼爱、同事的喜欢、上司的重用，最终都滑向了相反的方向。而她还不反省自己的问题，反而认为是这个世界对她太过残忍，这不得不说是她自己的悲剧。

生活中类似S这样的人其实特别多，他们总是一味向外界索取，不愿意付出任何血汗，总是以孽种的态度对待这个世界，却还抱怨世界不能对他们温柔。这种强盗逻辑让他们陷入一种怪圈里无法自拔，最终让自己孤立无援。

凡事有因必有果，种下善因才能结善果，你不能温柔对待世界，那么世界凭什么温柔对待你？想成功，想收获，想拿高工资，想让同事朋友喜欢，但不想付出，不想努力，不愿意对别人好，光想着占别人的便宜，世界上哪有这么好的事情？即使有，亲爱的，我想对你说，千万别上当，那百分之百是个陷阱。

有一些人，被别人不小心踩了一脚，都要回头瞪别人好久，更有甚者还要破口大骂。

有一些人，发点小财，就开始狗眼看人低，被人不小心弄脏了衣服，非要抓住人家要赔偿，吃一点小亏就不依不饶，好像身上被别人割了几斤肉一样。

有一些人，不信任下属，不礼贤下士，把全部的东西和权利都牢牢地控制在自己手中，什么事情都亲力亲为，却叫唤着自己倒霉，遇不到得力的下属。这样的你，又怎么可能让下属帮你分担？

有一些人，工作时懒于付出，遇到麻烦就躲开，看见好事就扑上去，还怪同事阴暗、狡诈、势利、算计，这样的你又如何让同事喜欢？

有一些人，好吃懒做，担心自己家务活做多了，别人做少了，自己吃了亏。这样你婆媳关系不好，夫妻不和睦，孩子太叛逆不听话，你怪谁？你是否扪心自问过？你是否知道爱是融化一切坚冰的力量？

还有一些人，谈恋爱动机不纯，总想着从对方手里捞点什么，确定关系以后也不想办法提高自己，不让自己更充实、更丰富、更美好，不站在别人的角度思考问题，凡事都以自己的利益为出发点。这样的你，如何能获得别人的喜欢？

如果你是以上的这几种人，对待工作不认真、态度不端正、不努力，对待婚姻和情感很随便、不忠诚，对待孩子不尽心，对待老人不孝顺，如果你还在抱怨世界对你不温柔，那你也太没有自知之明了。

如果你不能温柔对待这个世界，那你凭什么被世界温柔以待？

2. 活得拧巴，只是因为太把自己当回事

这段时间，因工作需求，本着"我是社会主义一块砖，哪里需要哪里搬"的原则，我临时充当了一次人力资源主管的角色。在这次招聘工作中，有两名应征者给我留下了深刻的印象。为了区分，我分别用两个字母A和B来代替他们。

A同学是个刚满20岁的小男孩，中专学历，有过饭店服务员和眼镜销售经验，得知我们这儿招聘员工，便来应征。通过聊天，我发现他言谈举止表现得都非常真诚，让人觉得他是的确想来这里工作的。于是我说："我们这个工作是非常烦琐麻烦的。接待顾客时，你除了要讲解很多产品知识，还必须现场演示，有时候你

演示好几个钟头也许都拿不到订单。可不管客户买不买你的产品，你都必须始终保持足够的耐心。可以说这是一个非常辛苦的工作，你能承受得了吗？"

A同学给我的答案是肯定的。他说："吃苦我不怕，我没有学历，吃苦也许是我唯一擅长的事了。至于韧性跟耐心，我之前做过的两份工作对这方面的要求也不低呀！"

总之，A同学给我的感觉就是非常真诚、接地气，我觉得如果把这个孩子留下来加以培养的话，说不定真的是一个业务精英的料子。

B同学，刚毕业的大学生，一进店里就环视四周，之后直截了当问我薪资待遇以及休息时间安排。我一一答复之后，B同学说道："你这儿的待遇也忒差了，虽说销售有提成，可是这提成也太低了，一天卖出一万块钱的货才能拿到一百块钱的提成，问题是一个销售员一天能有一万块钱的销售额吗？而且你这休息时间还这么少，一个月才休息两天，这也太剥削人了。"

B同学这么一说，让我无言以对。我觉得我不是一个面试官，反而变成了被面试者。最后，B同学起身离开时，又问了我一个问题，"雷"得我是"外焦里嫩"。他问："你们这里招经理不？我觉得以我的能力，至少也能当个经理什么的。"

我打算逗逗他，于是笑着说道："你凭什么这么觉得呢？你是有多年的从业经验啊还是有强大的人脉啊？就算这两点你都有，我们这里的经理可是很辛苦的呀。一名经理，不仅要做好手下销售员的销售工作，还要主动拉业务做方案，更要把握整个店的运营工作。我们每年都有规定的任务额度，有些经理为了拿绩效奖，基本上全年都是无休的。你觉得你能胜任吗？你要是觉得你能，我说不定可以考虑一下。"

B同学没说话，走了。

这个世界哪里有不需要付出劳动就能收获的工作啊？有所付出才有所得到，这是最基本的常识。饭端到你面前，还得你亲自吃是不是？如果你连这都不愿意，那对不起，你还是抓紧回你的火星去吧，地球危险，恕不远送。

有时候，人真的不能太矫情，正所谓不作死就不会死。不要觉得自己上了几年大学，或者在大城市里见了几天世面，就不知道自己家门往哪开了，看谁都不顺眼，看谁都不如自己，眼高于顶，十指不沾阳春水了。可一旦遇到具体事情，就表现得非常低级，这样的人注定是没有前途的。

矫情并不可怕，可怕的是你把矫情随时随地地融进你的生活而不自知，那才真正贻笑大方。

各行各业都有技术精湛的精英，我们不过只是洪荒世界中最普通的一个凡胎肉体，是这宇宙里最普通渺小的存在。孔圣人说"三人行，必有我师"，即使再平凡的人，都有值得学习和尊重的地方，所以任何时候，我们都要脚踏实地，都要认清自己的位置。这世上没有人需要忍受你的眼高手低。

你总不能把脸都丢尽了，才想起要重新捡起来。

即使我们拥有世界上最高的文凭，也都得凭能力说话。谁说本科生就不能端盘子？谁说千金公子哥就必须别人伺候？谁说别人就该容忍你的矫情？哪怕端盘子，那也是一种历练；哪怕卖猪肉，也能证明自己的价值。不矫情不做作，穿得起几千块的华服也穿得下几十块的地摊货，吃得了满汉全席也咽得下路边的盒饭，心思沉稳不皱一丝眉头，事事都能真诚地相对。自己心态淡然了，不矫揉造作了，才能经得起风浪，才能容得下天地。

要想有所发展，你就得放低姿态，虚心去请教别人，哪怕从事的是最基层的工作，只要能学到东西，那也是值得的。不要瞧不起那些学历比自己低的人，他们当中有些人也许比你强上百倍千倍。

对待别人，你得态度真诚、放下身段。这就好比谈对象，你瞻前顾后，朝三暮四，骑驴找马，别人肯定不乐意跟你相处。爱一个人不是因为你是谁，而是因为在你面前他可以是谁。找工作也是同样的道理。这份工作之所以选你不选他，有时候并不是非你不可，只是因为你能认真对待这份工作，而他却抱着无所谓的态度。

曾经，我也有过太把自己当回事的经历。大二暑假，我没有回家，和同学在学校附近的一个小饭店里找了份兼职。因为那家小饭店价格便宜，又处于闹市区，所以生意一直比较火爆。刚到店里，没有经过任何培训，我们就立马开始了工作。那时候年轻，学东西也快，再加上又是个大学生，心想别人能做好的，我肯定会做得更好，所以在别的服务员面前免不了有几分鹤立鸡群的优越感。

但顾客和老板可不管你是什么人，他们只会把你当作最普通的服务员来对待。刚开始业务不熟练的时候，我总是会犯一些错误，从而招致顾客的呵斥和谩骂。顾客一呵斥，我就紧张，一紧张就更容易做错事，上错菜等事情时有发生。这样一来，老板也很生气，各种冷嘲热讽，连我大学生的身份都被他骂得一无是处。那段时间我每天都好累，眼泪就像厚重云层里的水汽，有点不顺，就会变成雨珠滚落下来，偶尔强颜欢笑一下，比哭还糟心。最后坚持不到一个月，我就实在没有心情做下去了。

后来我又陆续做了几份兼职，都坚持不了多长时间。我仍旧觉得不是自己的问题，因为潜意识里，我觉得作为大学生，就应该做一些更有质量的工作，要有宽大明亮的写字楼，穿着时尚流行的衣裳，我甚至还觉得全世界都应该爱我、宠我、由着我。

后来，我大学毕业了，真正踏入社会之后也渐渐开始理解了社会的规则。其实不是这个社会太残酷，而是你太把自己当回事了。你觉得别人都应该信你、爱你、敬你、宠你，最后没能得到，所以你脆弱、你撒娇、你难过，你骂社会残酷无情，你骂人生不懂怜悯。可社会又不是你爹妈，凭什么要信你、爱你、敬你、宠你？你自己都残酷无情，就不要去抱怨别人怎么对你。

你要把工作当回事，而不是光把自己当回事，做任何一件事都应该有专业的态度，不要带着不甘和委屈。如果你觉得现在的工作不能体现你的价值，那么请用事实说话，如果不能，最好闭上自己的嘴，并把你抱怨的时间都用来好好工作。

在以后的工作中，我慢慢收起了自己的那颗玻璃心，在做好本职工作的同时寻找自己喜欢的工作。这些应该有的自知之明都具备之后，我就成了现在这样的女汉子——外表萝莉的纯爷们，革命的一颗螺丝钉。放在任何岗位，我都愿意心态端正地去学习，并且以最快的速度适应，然后发光发热。

现在的我心态转变很多，即使每天忙到双腿发软，回到家里也依然能心情舒畅地洗碗、洗衣、做家务，做些自己喜欢做的事情。我不在乎自己是否付出多了，反而担心付出不够，让老人受了累，让孩子受了苦。现在我就挺满足的，一家人幸福安康、平安喜乐。希望我的生活永远这样平静。

愿你们也这样。

3. 别忘了，你是活给自己看的

　　我有一个远房表妹，S小姐，是个独生女，还是个典型的白富美。

　　留洋归国后，她准备继承祖业。考虑到对公司不是很了解，经验非常不足，于是她主动要求到基层锻炼。因为她很低调，公司的绝大多数员工并不知道她的真实身份，所以她也和所有新人一样，被老员工指使端茶倒水、买咖啡，对于老员工的其他不合理要求，也都尽量去做。

　　谁知道时间不长，公司就传出了令人匪夷所思的谣言。

　　事情的起因有点像某个狗血电视剧里的桥段：有一天，S小姐和父亲，也是公司董事长，一起逛街，被公司的一个小职员看到了。这可是爆炸性新闻啊，该同事不明就里，为了有图有真相，遂拍下了照片，并发给了其他同事。接下来，公司便谣言四起。大家都用有色的眼镜看她，其中还夹杂着睥睨不屑和几分嘲讽。她甚是失落、委屈，原本好好的一件事，没想到最后却发展成这个样子。

S小姐对我说："别人眼中的你，未必是真实的自己，这个道理我懂，可恰恰是我懂得的道理给我造成莫大的伤害。"

社会上有很多人都跟S小姐的那个同事一样，喜欢管中窥豹，用自己狭隘的生活经验，不经过任何论证就先入为主地轻易下定义与评论，比如，某某不是好人，某某很狡猾，某某人品有问题……这其中大多数都带有成见，通常会给别人造成不可估量的损失和伤害。

我们草率地对待这个世界，也草率地对待自己，从来不去认真思考自己究竟为什么要走这条路而不是走那条路，总认为自己都是对的，理所当然地认为自己的想法才是唯一正确的答案。缺乏爱心，对待别人不够宽容，对自己的敌人恨不得置之死地而后快。缺乏耐心，不愿意去了解别人，更不愿意在别人身上浪费一丁点时间。凭借自己的喜好和经验，对自己看不惯的事情指手画脚，并打上各种各样的标签，不允许别人反驳。

其实很多事情并不一定都是你看到的那样，就像那句话说的，骑白马的不一定是白马王子，也有可能是唐僧，和土豪在一起的年轻女人，未必就是小三，也有可能是人家亲闺女。

每个人都有很多面，在不同的人跟前，需要展示不同的自己，谁都不能把自己的一切都呈现出来。有时候有些人甚至还会故意隐藏一些东西，以寻求和周围的环境和谐相处，就像我那个远房表妹一样。我们不能因为自己的轻率，就过度相信或者排斥一个人，制造出很多令人捶胸顿足的错失，事后追悔莫及。

就像我，在这个小城开了个店，就必须使自己看上去和这个行业的大多数人一样。我不能逢人便说"姐跟你们不一样，姐会写小说，姐还出过书"，我也不会问我的顾客"我喜欢文学，咱们能不能交个朋友"，我只会用我的产品和服务去打动别人。有时候，他们看到我的案头有几本书，也会说"哦，你也看这些书啊"，我只会云淡风轻地告诉他们我纯粹是打发时间。

每个人的道路都是不一样的。你内心在坚持什么，就好好坚持下去。千万不要因为别人的评价，就否定了自己奋斗的方向。真正的心思澄明，心无旁骛，才能让你一往无前。也许现在的你依旧不够优秀，依然挣扎在社会的底层，但请你不要放弃。只要坚持走下去，你就能看到别人看不到的风景。

别人眼中的你，从来都不是全面的，别人对你的看法，也未必就是客观的，你要对自己多一些信心，多一些耐心，多一些坚持。这个世界只有你才最了解自己，也只有你才能救赎自己，如果连你自己都怀疑，那你就真如别人管中窥豹只见一斑的那样子了。

年轻的时候，你总想变得和别人不一样，做什么事你都想向别人证明你有多出色。随着心智成熟，你会发现以前的自己有多么幼稚。生活的打击和周遭的困难，让你不得不一次次放低自己的底线，向这个世界妥协，你不敢再有个性，不敢特立独行，有时候虽然你变得成熟，却失去更多。生活总会教我们成长，但千万别放弃自己的个性，这才是你和生活叫板的武器。

4. 你的坚持，终将美好

星巴克创始人霍华德·舒尔茨出生于纽约贫民区的一个犹太家庭。

舒尔茨小时候，开卡车的父亲是家庭唯一的经济支柱，然而一次意外车祸让父亲失去了一条腿，也因此失去了工作。家里没有了收入，年少的舒尔茨不得不和母亲一起去捡垃圾，用以购买一些过期的食物和打折处理的咖啡，来养活一大家子人。

环境肮脏、食不果腹的生活，是舒尔茨幼时大部分的记忆。

有一年的圣诞节，街上非常热闹，只有他家冷冷清清。走在大街上的他看到一家商场门口的促销商品琳琅满目，就想趁着店主不注意，偷点东西回家。他注视着一罐包装非常精美的咖啡，瞅准时机，快速拿起塞到棉衣里。不承想还是被店主发现了，他撒腿就跑。刚跑到家里，店主就追来了。事情败露，他遭到一顿毒打。看着父亲恨铁不成钢的样子，小舒尔茨暗自发誓，一定要凭借自己的努力让家人过上好日子。

高中时，舒尔茨橄榄球打得特别好，北密歇根大学野猫队看中了他，为他提供了全额奖学金。他特别珍惜这个机会，发奋学习，最终以全班最优异的成绩拿到了商学学士学位。

大学毕业后，舒尔茨到著名的施乐公司纽约分公司做销售员。也许是贫穷的家境让舒尔茨无路可退，他做业务比别人努力太多。舒尔茨每天都要坚持打五十多个推销电话，他不放过任何一个机会，爬上每一幢写字楼，敲开每一间办公室的门去一一解说。

父亲去世时，舒尔茨收拾父亲遗物，发现了他当年偷的那罐咖啡。原来父亲一直舍不得喝，还在包装盒上写了自己的愿望：拥有一间咖啡店。

舒尔茨被深深地触动了，发誓一定要完成父亲的梦想，于是他辞掉了年薪7.5万美元的工作，买下了一间咖啡屋，开始潜心咖啡事业。这么多年过去了，星巴克从最早的小作坊发展成为全球连锁的著名品牌。

如今星巴克已经不光是一家咖啡店，而是变成了一种生活态度，吸引着全人类的眼球。

平时和朋友聊天的时候，我常常听到很多人唏嘘："我以前唱歌唱得特别好""我以前画什么像什么""我以前设计的东西比现在很多设计师设计的都好""我以前也很喜欢文学的，我的作文还经常被老师当作范文""我曾是一个收藏迷"，但下一句毫无例外都是"无奈迫于生计""无奈家里太穷"……一千个人就有一千个遗憾。

很多人认为没有坚持住自己的梦想都是因为外界原因，比如外界的干涉、亲戚朋友的不理解、生活的窘迫、工作的忙碌等。不，我觉得绝对不是，而是他们关闭了心中的那盏灯，看不到自己的内心，所以也就不再坚持，不再付出。

其实很多没有做成功的事，失败的原因并不取决于外部条件的干扰，而是取决于一个人的决心到底有多大，取决于你是否能付出足够的努力。

不要总是抱怨你的生活很没劲，没激情，收入也很低，满足不了你的欲望，那是因为你根本没有真正为你的生活负责。你所谓的努力也许仅仅是维持你的现状，不愿意或者不敢去做出改变。如果够努力，或许根本就不用付出像舒尔茨那么多，你就会有很大的变化。

不要怪自己技不如人，也不要怪自己没有个好爸爸，怪只能怪自己太懒，付出的努力不够。没有足够的量变，你怎么达到质变？不要太急切，太急只会让自己气急败坏。

要让自己的内心始终活跃起来，哪怕身在泥沼，哪怕前途一片漆黑，都不要忘记量的积累。只要你坚持走到最后，未来总会在前面有光亮的地方等着你。谁都不知道将来会怎样，多一种准备，多一点努力，总会多一些机会和保障。多一些懒惰和逃避，就会多一些风险和磨难。不折腾的人生注定黯淡无光，不折腾的生活注定碌碌无为。

我认识一个小伙子，没有什么文化，几年前因为家境窘迫，很早就辍学了，之后跟着村民出去打工。做了几年，攒了点钱，现在跟着别人开始学习开塔吊。

上学时他就喜欢看书，工作之后，依旧坚持。上学时，没有钱买，现在工作了，终于可以挤出一部分钱来买书了。不论是《诗经》还是《圣经》，不论是《史记》还是《荷马史诗》，古今中外的文学名著他都一一研读。他随时随地都带着一本字典，遇到不认识的字词就查字典研究其发音和释义。

虽然他学历不高，但他的文学素养未必比时下很多大学生差。现在，二十多岁的他尽管还在工地上开塔吊，但他比任何人都笃定。像他这么坚持，谁知道他以后会不会拥有更好的职业？或许五年之后的他甚至比我们这些人活得更好。

而生活中很多人，虽然有着很高的学历，有着很好的知识积累，却在工作几年后就被生活磨灭了上进心，让那从学校带出来的学历羁绊自己一辈子，最终拖垮了自己。

想想这位年纪轻轻就开塔吊的兄弟，你还有什么理由继续堕落下去？哪怕你的工作再忙，也要抽出时间坚持自己喜欢的事情。我们并不一定要求梦想必须实现，有时候当作自己业余的消遣也是很不错的。我们要永远对自己的人生抱有期待，这样才能提高我们人生的品质。年龄大了以后，躺在躺椅上晒着太阳，才可以笑得安详，才可以坦然面对自己的灵魂。不荒废不搁置，多学习多准备，没准哪一天，那些特长就会改变你的命运。

　　现在的你，也许正和我一样，默默无闻，偏安一隅，在良莠不齐的环境里独自支撑着一线希望，记得永远不要掐灭那一线光，它比美好更美好。

5. 活得漂亮了，人自然也漂亮

最近在电脑上看到一组标题叫作《整容浩劫》的图片，遂点了进去，映入眼帘的是一个个整容失败、不作死就不会死的案例。震撼之余，就想写一篇关于内在美与外在美的文章。虽然这已经是一个老生常谈的话题，可即使道理我们都懂，却还是有人想不明白。

现在大家生活富裕了，物质条件也好了很多，于是就有了更高的追求，有时候还会生出一些让人匪夷所思的欲望来，比如觉得下巴不好看，整整下巴，三围不满意，就想办法整个三围，觉得腿长得不够长不够直，也想要修复修复。

　　我认识一个姑娘，双眼皮，尖下巴，身材也非常苗条，往人群中一站，立马就会变成众人的焦点，简直就和电视上那些明星一般耀眼。可是她却仍旧不满意，她觉得自己的眼睛不够好看，没多久就去韩国做了一个双眼皮抽脂手术，回来之后兴高采烈眨巴着眼睛问我变好看了没有。

　　老实说，她本来就已经够美的了，现在再做这个手术就显得多此一举。要是真的钱多，烧得慌，咱可以拿去帮助偏远山区的孩子们啊，怎么着也能起点作用。

　　过一段时间，她觉得自己的鼻子不如某某明星的好看，又消失了好几个月。等我们再见面的时候，她的鼻子高挑了很多。她依旧兴高采烈地问我："怎么样？我的鼻子比某某某的好看吧？"

　　她是变化了很多，但也仿佛变了个人，让我很不适应。

　　谁承想她还整上瘾了，天天觉得这里不满意，那里不满意。后来她家人终于受不了了，带她去做了心理治疗。打那以后，我们再也没有联系过。

　　以前我经常问她一个我不明白的问题："你为什么要去整容呢？"虽然只是微整，可微整也算是整容啊。

我从她那得到的答案是："我想要更好看啊！"

我问她："你已经很漂亮了，为什么还想要更好看呢？"

她说："如果我更漂亮了，那么我就有了更多的机会，我也会变得更加自信。"

我继续发问："你已经整了两个地方了，你觉得你的机会多了吗？有更多的自信了吗？有如磁石一般的气场了吗？"

事实上，她没有。她只是有时候在街上被人当作小丑一样多看了几眼而已，并没有什么实质性的变化。

靠容貌得来的机会真的可以长久攥在手中吗？每个人都不可能逃脱人生的规则，生老病死都不是以人的意志为转移的，当容颜不再时，那些本来不属于你的机会也会悄悄溜走的。你能用美色赚得的东西，别人也能用美色夺走。我们不是明星，过的都是柴米油盐酱醋茶的生活，不需要依靠自己的颜值来吸引粉丝。也许漂亮一点，会赚取一些比常人多的回头率，也有可能因此得到更多的关注，可是这些并不能决定你的终身幸福。

前几天，我在网上看到一个帖子，发帖的是一个姑娘，全文都在控诉她的男朋友，说她的男朋友对前女友有求必应，分手这么久还念念不忘，这让她实在受不了。她说她就不明白了，他前女友长得没她漂亮，他怎么就对前女友念念不忘呢？末了，她还附上了两张照片，一张是前女友，一张是她自己。

帖子后面跟了很多评论，有人支持现女友，也有人支持前女友，毕竟每个人的审美各不相同，喜好也有天壤之别。

这个姑娘犯了一个非常严重的错误，她不知道，爱情毕竟不是一句"你比她漂亮"就行了的，它包含的是更多深层次的东西。如果这个姑娘依旧没有理清这些事情，她自然也就不可能得到她的爱情，她的男朋友最终也会离开她。

长得漂亮不是本事，活得漂亮才是本事。就像网上流传的那句话："扬在脸上的自信，长在心底的善良，融进血液的骨气，刻进生命的坚强。"真正精彩的人生最终依靠的是内在的修养，而绝不仅仅是因为容貌。这不仅是对女人说的，对男人同样适用。

我曾经也以为长得好看很重要，因为长相普通，甚至一度自卑敏感。而如今，到了三十多岁的年纪，当再好好看看这个世界的时候，我发现生活其实都是活给自己看的，刻意追求外表上的漂亮不过是虚无的魔障。能把自己的人生过得丰富多彩才更重要，沉淀自己的内心，爱你眼前的这个世界，享受自己的人生，才是正经事。为了一点点虚荣心就与自己过不去，拿自己的身体当试验田，真的是无比傻帽的行为。

也许你的容貌很一般，但只要有自己的特色，有自己的美好，这就足够了。我很丑，但我很温柔，我乐于助人，我工作卖力，我始终用尽全身力气生活，并且活得丰盛。或许有人不喜欢我的容貌，不喜欢我的性格，但那与我有什么关系？那是他们的问题，也是他们的损失。我并不在乎这些，我在乎的是这一生是否从容走过，我能不能给这个世界留下点什么。

人的一辈子过得是否充实快乐在于你有没有为它付出所有的努力，工作上有没有好好付出，生活上有没有好好对待，想去的地方有没有走到，想做的事情是不是都努力去做了。见识了外面世界的广阔，明白了自己这身皮囊的渺小，那样你就会发现原本追求的外在美是多么狭隘。你当然可以有一颗爱美的心，你追求干净，你追求华服，你追求大方的妆容和时尚的发型，这些都无可厚非，爱美之心人皆有之，但这永远都不应该是你生活的重心。如果努力的方向错了，你自然也就离美好越来越远。

这世间有很多事情很公平，比如努力奋斗，你吃过的苦、受过的罪，最后都可以换来更美好的生活。你将来的命运不是整个容就能稳操胜券的，拥有一个健康的身体和一颗美好的心比什么都珍贵。

　　当你想整容的时候，先整整心吧。

6. 我为什么总是差一点儿

从小到大，我一直都不是那种特别优秀的孩子。我就像是胡适先生笔下的那个"差不多先生"，不论做什么，只求差不多就行了。结果中考的时候，我以十二分之差没能进入市重点高中，差点把我爸爸气死；高考的时候，我又以九分之差和自己最钟爱的汉语言文学专业擦肩而过，这次差点把我气死。

后来实在没办法，我就选了广告策划这个专业。我想，既然不能当记者、作家，从事文字工作，写写广告文案搞搞创意也是蛮不错的。然而后来我从事的也都是与广告策划差不多的工作，广告配音、广告公司文员等。我想，闲暇时写写故事，总有一天会开花结果的，可是写了这么多年，每一次都是差那么一点点就可以出版。

因为每次都差不多成功，所以有一段时间我特别崩溃，崩溃到每天睁开眼睛就特别讨厌看到镜子里的自己。从前所有的不顺和那差一点点的怪圈，充斥着我的脑海、我的神经、我的每一寸肌肤甚至每一口的呼吸。我憎恨命运不公，我更恨不争气的自己。但一切如影随形，我逃也逃不掉。

直到有一天，我看书的时候突然明白了一个道理：一个人，若总是遭遇失败，肯定会陷入一种无法自拔的负面情绪当中。他会怀疑自己的能力，感叹自己的命运多舛，他会被失败本身笼罩到窒息，那么不论他做什么，都不可能做好。这样的话，他就有可能进入失败的怪圈，循环往复。

如果我总是怨怼天意弄人，总是沉浸在失败的哀伤之中，那么我这一辈子注定是失败的。我得爬起来，我得忘记我的失败，继续走下去，这样才能找寻到正确的道路。

当发现自己正陷入这种被我称为"失败雾霾"环境当中的时候，我决定开始自省。我辞掉工作，什么都不做，什么都不想，控制自己的欲望，清清朗朗面对每个崭新的一天。一段时间以后，我的精力慢慢充沛起来，像新生儿一样好奇地望着这个世界，我告诉自己："你现在可以重新上路了。"

这样一来，我的思想负担不再那么重，脚步也变得很轻盈，做起事来也有的放矢，眼前一片光明。

如果你想把一件事情做好，就不要给自己压力，慢慢让自己努力达到某种高度。你只有强大了，才能让自己更从容。就像我现在每次提笔的时候，都会这样告诉自己："你是一个作者，不要自卑，更不要自负，你好好想一想你想要向读者表达什么，这才是最要紧的事情。"

你要转移自己的注意力，无论失败多少回，都不要让它们影响你。你要在失败中找出自己的不足，并努力改变它，要学会站在成功者的角度去思考问题，跳出那个失败的怪圈。

比如，你想当一个歌星，你就可以设想你已经是歌星了，然后告诉自己应该怎样更加专业地去唱歌，怎样去研习；如果你想当一个画家，你可以假设自己已经是一位非常出名的画家了，那么为了继续提高你的画技，你就会向不同的大师借鉴和学习；你也可以假设自己是一个软件开发师，然后你就会学习更多的软件，全方位提高自己的技术；你也可以假设自己是一个农民企业家，那么你就应该思考接下来着重发展什么，你怎么规划田地，怎么平衡生产与产出……

不要小看这种假想，有时候它的力量很强大，它能让你暂时放下沉重不堪的负担，这样你就能走得坚定。这种假设，可以让你更加坚定自己的选择，从而以轻松自然的姿态去迎接你的梦想，而不是为了让你麻醉自己，故步自封。

这并不是自欺欺人，而是为了放下心中想得而不得的压迫感。

很多人经常会说自己想成为什么样的人，"我想成为马云""我想成为比尔·盖茨"，可是光想有什么用？想来想去，最后还是被自己的思想负担打败了。如果你把目标定位得太过不切实际，往往有可能会迷失自己、丧失理智，总是付出一点点就暗示自己说"做了这么多，应该差不多了吧"，其实你做的远不及你需要做的百分之一。

给自己一个切实可行的目标，然后细化每一个步骤，坚毅地去做。付出百分之百的努力，剩下的就交给时间，坚决不能做"差不多先生"，多付出一些，成功来得也就更容易一些。

心没有枷锁，才能真正超脱。很多人的失败，都不是被失败的事情打败，而是被失败本身打败的，他们缺乏必须成功的勇气。

记住成长与收获，忘记失败和挫折，轻装上阵，不做"差不多先生"。

7. 不让我的明天讨厌我的今天

　　我大学同学，名叫Y小姐，人长得很漂亮，特别喜欢跳舞，大学期间一直是校舞蹈协会的成员，用她的话来说就是：要么在练舞房跳舞，要么在宿舍睡觉。

　　毕业后，大家都忙着找工作，有做摄影师的，有做文案策划的，有跑业务的，也有做文员的。不过这些工作Y小姐通通都看不上，觉得工资低、没自由，还被人呼来唤去，她要找那种工资高又没什么事情的那种工作。想天上掉馅饼，怎么可能啊？

　　正当Y小姐一筹莫展的时候，还真有块"馅饼"掉到了她的面前。一则"舞蹈团队招队员"的招聘广告引起了她的注意。这个舞蹈团队开的工资非常高，比我们这些同学的平均工资高好几倍。Y小姐欣喜万分，就前去求职。

她的舞蹈可不是白练的，她很轻松就被录用了。

对舞蹈的热爱，再加上高工资的吸引，即便后来Y小姐知道这个舞蹈团队其实就是在各种夜总会和娱乐场所跑场子的，工作环境极其复杂，但她还是没有拒绝，坚持做了下去。

舞台上的风光，舞台下的掌声，纸醉金迷的生活，让Y小姐渐渐忘记了喜爱舞蹈的初衷。

某次同学聚会结束，我们几个姐妹一起闲聊，其中一人问Y小姐："你打算一直这样跳下去吗？"

"为什么不跳？收入高，做的又是我喜欢的事情。"Y小姐言语里透着神气。

她都这么说了，我们也不好再说什么，随便聊了几句就各回各家了。

时光荏苒，一眨眼，Y小姐都三十岁了。

这些年过去了，大多数同学都成了家，也都有了自己的孩子，日子过得虽然不那么轰轰烈烈，但大都温暖而平和。很多人通过自己的努力也渐渐可以独当一面，成为某些大公司的部门小领导，也有一些人积累了一定的工作经验和人脉后开始创业，事业做得风生水起。

那个问Y小姐的女生现在也已经是某家广告公司的艺术总监了。而这时候，Y小姐却失业了！

她所在的舞蹈团队陆续又招聘了很多比她年轻漂亮、舞姿也比她妖娆百倍的年轻女孩，而她也因为年龄渐渐增大，跳不动了，最后只能被淘汰掉。

离开了舞蹈队，看着出租屋里堆积如山的衣服和鞋子，Y小姐无奈地叹了口气。她发现这些年的时光全都被自己浪费掉了，除了跳舞，她什么都不会。

可无论怎样，生活都得继续。

无奈她只能从头开始。一连应聘了好几份工作，最后都被刷下来了，因为她连最基本的办公软件都忘记到爪哇国去了。最后实在没办法，她到了一家服装店做了一名导购。

眼看着同学都结婚生子了，她也开始思考自己的人生大事，开始了自己的相亲历程。可别人一听说她都三十多了，立马就打了退堂鼓，有几个同意交往的也都是离异的，她自己又不甘心，就只能一直拖着了。

此时的Y小姐，真是悔不当初。

对于刚走上社会的小青年来说，一开始不要太看重金钱，而是应该根据自己的兴趣选择一份可以长久发展的职业。年轻的时候工资少一点，困难多一点，这其实是好事，这些都会成为你的财富。千万不要因为一时的安逸，而误了你似锦的前程。

我们总是会面临各种各样的选择，每一个选择后面紧跟着的都是我们的未来。你现在的每一个选择其实都对应了你以后会过什么样的生活。虽然有时候我们并不知道这些选择会产生什么样的影响，可是只要我们好好分析，慎重考虑，总可以做出对我们最有利的决定。

年轻的时候，我们最缺乏的是经验和历练，也许一开始会很难，不知道自己该如何走下去，因为不够理智而做出一些错误的选择。这有时不可避免，但是我们要有及时刹车、及时调整方向的能力。

　　千万不要等到所有事情都尘埃落定才发现这一路走来都是错的，也不要等到年纪大了，躺在躺椅上抱怨这一生的碌碌无为。在还能改变的时候，多给自己一次机会，也许你的人生就会大不一样。

　　记住，如果你现在过得不好，那肯定是因为你过去不够理智。

第四章：

和这个世界
最大的默契，
就是
不对抗自己

我只是和
这个世界
不够默契

1. 万事万物，来去皆有时间

几年前，你买了一株曼珠沙华的根，带着神圣的心情，你将其埋在花盆里。你用了整整一年等待它发芽，那个过程很漫长，至今你仍记忆犹新。期间你更不止一次将其从土里挖出来，想看看它是否还安然无恙。

见它很长时间没有反应，有时你会希望它腐烂掉，这样就能腾出花盆，好让你种上别的植物。然而每一次你挖出它的时候，都震惊于它顽强的生命力。看着它饱满并蓄势破土的情形，你又舍不得，再一次将它细心掩埋。

你认真浇水，仔细养护。终于，在第二年春天某个普通的日子里，你打理花圃的时候看到它绿意盎然、犹如韭菜叶子般的嫩芽。你欣喜若狂，继续浇水，依旧守望。

三年后，它第一次绽放了。它红得妖娆，红得让你觉得人生充满希望。

自从养活了这株曼珠沙华，你渐渐悟出一个道理，你觉得人生就像种花，你永远都预料不到今天埋下的种子会在未来的哪一天生根发芽，又在哪一天开花结果。因为有些种子发芽快，七天便能破土而出，当季便能开花；有些则需要月余破土，来年绽放；而那些成长期特别长的，则有可能需要一两年才能发芽，开花更是需要很多年。

可以确定的是，现在的所有努力都会在未来的某一天生根发芽、开花散叶。

花都如此，何况梦想！可是养花容易，坚持梦想太难。在凡俗缠身的背负中，我们可以任由一只好看的花盆一直空着，却不能容忍多年付出得不到回报。我们总觉得社会太过现实，人心太过冷漠，每个人都只看最后的结果，却没有人关注过程的艰辛。

正因为如此，我们总觉得事情顺遂是应该的，不顺遂就是自己命不好，就是命运和自己开玩笑，总觉得一件事情只要做了就应该有完美的结局，觉得自己一点点的付出就应该立刻换来完美的结果。然而世事哪有那么容易？哪有什么轻轻松松的成功？

其实所有的这些，都不过是我们为懒惰所找的借口罢了。我们怕付出，更怕付出之后没有回报，于是自我催眠：这个社会是不公平的，所有人都只要看结果，谁看你奋斗艰辛啊？如果你这样想，那干脆缴械投降坐看别人的结果，每天愤怒斥责社会不公算了。

当你悄悄把梦想埋葬，永远不再对人提起，当你每一次听到别人谈梦想，都只能敏感地来一句"梦想？真是搞笑，这是一个看钱的社会，傻子才追求梦想呢"来掩盖内心的虚弱，你忘了你曾经也是一个追风少年，在追求梦想的道路上也曾一路狂奔，而现在你只能望着过往唉声叹气，说着言不由衷的话语来麻醉自己。

而现在每当你看见别人实现了梦想，只能酸不溜秋装作若无其事地来一句"他嘛，家庭条件好，人家有条件追求梦想"或者"他比较聪明，运气又好，成功只是时间问题"。你虽然说得这么轻松，可语气中依旧透着不甘。然而真的是你说的那样吗？他们是因为家庭条件好才实现了梦想的吗？是因为社会给了机会他才成功的吗？细细回味，倾听自己内心的声音，你不得不承认，别人实现了梦想而你没有，只不过是因为别人比你更努力，比你更坚持，除此之外再没有别的理由。

你败在了自己手中却找不到复仇的对象，只能把怨气发泄在外界的客观条件上。你虽不承认失败，却早已败得一塌糊涂。

说来也是不该，我们既不是少爷也不是公主，却在最应该付出的时候选择了转身离去，在最应该坚持下去的黑暗时刻选择了抽身叫疼。我们欠缺等待花开的耐心和勇气，低估了实现梦想所需要的漫长努力。那努力默默无闻，那泪水咸得发苦，可是只要你坚持，那内心都是笃定喜乐的，你会为自己的执着和一针一线、一笔一画勾勒出来的蓝图心安。静下心来，你就会懂得，给人带来充实的是奋斗的过程而不是最后的结果，那才是我们活得精彩的证明。

即便是最简单的成功也需要漫长的努力。自己做好心理准备，去面对未来可能发生的任何状况：得不到的心酸，得而复失的痛苦，黑夜里看不到星光的迷茫，一切你都要有足够的勇气继续面对。你要做的就是清空自己的内心，坚持你认为对的事情，克服自己的惰性，把想法化为行动一直坚持下去。即便再困难，也要告诉自己，坚持下去总会好的，总会看到阳光明媚。

那些成功的人比我们多了什么惊人的本领？造成天壤之别的原因只取决于你有没有足够的信念。成功者之所以能够成功，不在于他们的出身有多好、他们多么聪明智慧，而在于他们可以把你觉得枯燥的事情坚持千万遍。就算未来渺茫，前途黯淡，他们都会保持本心，给自己足够多的时间，并抱着美好的希望。他们明白，如果花还没开，只是时间未到。时间到了，自然会红遍整个花园。

我的同学K，如今在北京混得有模有样，穿着品牌的商务西服，住着望京的房子，开着奥迪A8，简直就是一派成功模样。然而刚到北京时候的艰辛也只有他自己能真正体会到。

十年前的他住的是怎样的地下室，十年前的他回老家只能买得起硬座火车票，十年前的他是在怎样的人生低谷——丢了工作，女友也跟人跑了，心灰意冷卷起铺盖发誓这辈子再也不北漂，最后一刻一咬牙还是选择了继续挺下去。

和所有成功者的奋斗史雷同，他开始做各种兼职，更加努力地工作，自学英语考雅思，攻读MBA，所有的艰辛付出在五年后渐渐有了回报。

坚持到现在，梦想终于开出美丽的花朵。

其实，我们每个人都不是一帆风顺的，从一无所有的小年轻蜕变成通过双手让自己过上富足生活的中青年，需要经历太多的困苦与磨难。有人用五年过上自己想要的生活，有人要用十年，有人也许穷其一生都在追求梦想的路上。但我们都知道，只要不懈努力，坚持到底，梦想之花总有一天会在汗水中绽放。

你现在每一次为梦想的付出都是在未来的蓝图上画一笔，等到蓝图画好的那一天，你会发现那宏伟的蓝图上少了任何一笔都不行。梦想是一幅巨大的画轴，你的每一次行动都是在为看不见的未来添上一笔重彩。刚开始的时候，你也看不出来它的形状，只要你坚持，总有一天，它会出现在你的面前。

如果花还未绽放，那只是时间还未到。永远对未来抱有期许，并为之不懈奋斗，只要你不放弃，只要你每天都在努力，未来就会越来越近。虽然你不知道自己要经历多少量的积累才能达到质的爆发，但只要相信自己，像等待曼珠沙华那样等待自己的梦想之花，努力的人总会遇到属于自己的幸运。

2. 你受的苦，将照亮你的路

前段时间我在书上看到一句话：生活累，一小半源于生存，一大半源于攀比。我深以为然。

去年抗法西斯胜利70周年，放了三天假，上班那天是星期日。早上我六点起床，做了早餐，把少爷伺候上学，然后马不停蹄地赶到店里。开了电脑，看到很多群都闹腾到爆，"星期天还要上班，真不爽""隔壁公司今天压根没人上班，同样一栋楼，两种待遇，太不公平了""好想不上班也有工资拿，这种苦日子什么时候才能到头啊"……各种抱怨声不绝于耳。

这种状况让我想起了十年前的自己。

十年前，我在西安拿着几百块钱的工资，租住在城中村的民房里。每月租金一百块，房间里除了一张床，什么都没有，夏天热得要死，冬天冷得要死。当时工作的那家公司很小，一共就六七个人，但是杂事特别多，周末还只有单休。就这仅有的一天休息时间，还经常要加班。每次加班，看到整栋写字楼里一个人都没有，我也会有怨念，抱怨我的命为什么这么苦，为什么碰不到一份好工作。

那时我的一个姐们，每周双休，节假日准时放假，工资是我的好几倍，还有各种福利，每次看到她出去逛街购物，我都会觉得很沮丧，心理落差极大，抱怨生活为什么对自己如此苛刻。

下印刷厂更让我苦不堪言。印刷厂在六七环以外，都已经到农村了，我要倒好几次公交车，往往来回一趟就是一整天。站在人烟稀少的郊区站台上，满目疮痍，眼前净是灰突突、破败的荒凉，看着来来往往的陌生人以及杂乱不堪的民房，我叹息、迷茫、不知所措，耳边似乎有声音在回响，一次次扪心自问："这样的生活你还打算过多久？你什么时候才有能力换一家待遇好点的公司？"

我不知道。

　　我只知道如果我不加班，就会丢掉这份工作，就无法在这座城市生活下去。虽然只有几百块的工资，却足以满足我在西安最低的生活需求。对于我这种无需验证的资深失败者来说，生活里的各种糟心事，除了忍受，再无他路。

　　既然如此，我只能改变自己的心态。我要克服自己以前拖延的毛病，想办法整合、调整自己的工作，并保障工作圆满完成。于是我根据每天的工作给自己制定了一个计划，不太忙的时候，我把所有资料统一归类、归纳总结，用了大概一个月的时间，使得公司原来杂乱无章的资料库井然有序。

　　改变之后效果还不错，我再也不用在休息的时候接到印刷厂的电话，也不用担心周日主管给我打电话说有个某某方案急用，需要我加班，因为我会告诉他们我在周六之前已经准备妥当。

　　我把每一次的颠沛和苦难都当作人生的历练，都当成美景去欣赏，当成美食去品尝。我的生活很忙，却也有糖果的香，我从不质疑生活为什么这么苦，因为生活的本质就是苦的，只有你把它过甜了，它才会温柔对你。承认生活的本质是苦的，不去质疑，不去怨愤，无论是对自己还是对他人都是有益处的，所有负面的情绪只会让你在虚妄中消耗最宝贵的时间和精力，除了让你的生活和工作继续腐烂外，毫无用处。

生活在这个世界里，每个人都要承受不同的痛苦，不管你是富人还是穷人，男人还是女人，老人还是小孩，都无可避免地承受着生病的折磨。对死亡的恐惧，爱别离，求不得，怨憎会，我们本身的各种偏执，对是非对错的执拗，对爱恨情仇的羁绊，纠结于得到或是失去，对他人或对自我过度完美主义的苛求，这些都是生活给我们无法逃避的虚妄，这也是上苍对所有人最公平的地方。

对于当下的一些小青年们来说，物质上的苦痛基本已经没有了，更多的苦来自于精神上的自我催眠。社会发达、飞速发展的同时带给我们的是更多的困惑与迷茫，以自我感受为中心的自觉不自觉的排外，让太多的人缺乏一种直面真实生活的勇气。每个人都给自己虚构了一个世界，造了一座玻璃房子，静静地住在里面。外界的任何风吹草动都让我们严重水土不服，原本很正常的失败和一丁点的付出都被放大成难以名状的委屈。

我们每个人都在苦与累的纠缠之中逐步向前，正是因为这些苦和累才激发我们去改变命运、改变现状。既然眼前的一切无法逃避，那就要学会给自己加油打气，受挫时告诉自己微笑面对，失败时激励自己，孤独时温暖自己。心里轻盈，我们的步子才能快起来，早早离开目前的泥沼，走上康庄大道。

令人"空虚寂寞冷"的并非是财富的失去或者是一时的失败，而是你没有真正付出过积极的努力。一夜暴富或者不劳而获，只会让人昏了头，失去理智和真心，大肆挥霍以弥补之前的贫穷困苦，可是渐渐地，当这种狂喜逐渐冷却，随之而生的便是失落和寂寞。没有一步一个脚印的坚持，你就感受不到生命的跳动。

我们不要嫉恨别人有个好起点，比我们更容易成功，当所有的抱怨都徒劳无功时，我们就需要调整自己的心态。不能改变别人时，我们最好改变自己。生活这袭华美的衣袍沾满了虱子，接受生活的不容易，离开我们虚构的那个世界，赤裸裸地与真实相对，狭路相逢，勇者必胜。真实也许并不那么美妙，可也只有生活在真实中，我们才能更加丰盈。

我们不必羡慕任何人，暂时的失败并不可怕，只要心里踏实，只要我们付出劳动，并以正当的手法实实在在慢慢积累，就能感受到生命切实的厚重，就能睡得安稳，出则神清气爽，入则笑声朗朗，这样的人生就是富有而甜美的。

二十多岁那几年，我满心惆怅，心想自己会不会就这样一辈子赤贫下去，现在想来是自己多虑了。苦是人生的本质，只要你扛过去了，甜甜的生活总有一天会悄悄来到你面前。如果图一时的安逸而选择逃避，这苦永远都会在那里，终有一天，它会让你避无可避。

愿你我都能承认生活的苦，并坦然面对它。

3. 没有什么事情比辜负了自己更可惜

现在经常会有诸如此类的新闻：某餐厅服务员受不了投诉，用热汤泼客人；某女生受不了分手自虐甚至虐待对方……这些触目惊心的新闻，让我们不得不反思，究竟是教育出了问题还是年轻人太不懂得自我调控？

我认识一个男人 Y，他是那种家世好，工作又很出色的男人，平时和颜悦色，待人接物也得体大方，一直都是男神一样的存在。要不是好几年前他女朋友和他分手，我还真不会把"心理扭曲"和他联系在一起。

分手是那个女孩子提出来的，具体原因不清楚，反正女孩提出分手后，Y 就开始暴露了，他开始虐待自己，各种自残手法上演了个遍。

后来我才知道这样的戏码已经上演过很多次了，每次女孩想要离开，他就以自残威胁。

女孩跟我说起 Y 的时候，满脸无奈。女孩说："他很好，可是让我觉得特别压抑，他甚至用残害自己的方式威胁我留在他身边，这让我非常害怕，更让我想要离开他。"

后来，在经历了多次分分合合之后，他们总算撇清了关系。女孩长吁一口气，彻底离开了那座城市。

这些年，Y 过得很不好，一直都没有结婚，期间也处过多名女朋友，最后都因为他性格的原因而分手。时间久了，知道他脾性的人都不敢再给他介绍女朋友了。

还有一朋友 N，是个女孩，平时工作特别用心，能力非常强，业绩也非常出色，反正就是属于各方面条件都让人嫉妒的那种。唯一的问题是她在每一家公司都做不长，因为她的脾气非常火爆，一点就着。其实她平时性格挺好的，与大部分人也都能相处得来，但只要遭受一点误解或者指责，那绝对是点了她的炮楼，她一定会怒不可遏，闹得满城风雨，最后甩手离去。因为经常换工作，N虽然工作卖力，却始终不能进步，一直只是一位小职员。

类似的例子不胜枚举。往往都是我们太把自己当回事而伤害了身边的人，最后同样也伤害了自己。其实我们经历的绝大多数事情都是小事，不值得过分在意，如果想不开这点，我们很难生活得幸福。

身处当今社会，我们应该提高自己的素质，对他人多一些尊重和理解，也多给自己一些空间。忍一时风平浪静，退一步海阔天空，这并不是一句废话，而是一句至理名言。遇到事情不要激动，心平气和才能解决，不论是非对错，我们都要好好对待别人，对待自己。

与别人谈恋爱，你就要有接受分手的度量；出去找工作拿薪水，你就要能忍受客户责骂和投诉；你的才华撑不起你的梦想，那你就要忍受失败的痛苦；你对别人横眉冷眼，就不要责怪别人对你冷嘲热讽。当然如果你能不断让自己变得更好，也许就不会遇到现在这样的情况。

人生路漫漫，过去的都已经过去，曾经的经历都不过是一场浮云。能在自己的江湖路上逢山开路、遇水渡船，不怕万难勇往直前，才是真正弥足珍贵的。在险恶的江湖路上，要时刻注意保持自己的初心。内心安静了，整个人也会安静下来，前面的道路才能越来越清晰，越来越明确。

我们善待自己，也善待他人，承受冷遇和逆境，淡泊名利，学会控制自己的情绪和行为，善于给自己调节和开导。万事都在一念之间，毁别人就是毁自己，成全别人也是成全自己，学会及时调整自己不好的心态，将之转化成阳光。

学会享受成长过程中的所有苦难，正是这些苦难教会了我们成长。挫折和失败不是人生的结局，而只是生命中一个很平常不过的下雨天。雨天让你心情阴霾，模糊了你前方的道路，但只要你撑着伞，一切的糟糕都是外在的，伤害不了你。你还年轻，真正精彩的人生才刚刚开始，哪怕你现在伤得体无完肤，也有足够的时间复原。

得到了爱情或失去了爱情并不需要狂喜或低沉，你仍是你，只是不习惯拿在手中的东西忽然掉了而已。你既然领一份薪水，就要面对这份工作中的不如意、困难、压力、责骂、挑剔、投诉，这是你应承担的。锦上添花抑或穷途末路，都是外在的事物，心始终是心，一切都无所失。

人生旅途，难免撞上一些喜悦或痛苦，平时要学会好好调整自己的心态，不以物喜，不以己悲，好运来时抓住它，霉运至时坦然接受它，用正面积极的态度对待，就不必担心你想要的生活不会到来。

只有极少数人能够成为英雄，绝大部分人都是平常人。承认自己普通并不懦弱，相反还是一种勇敢的表现，承认自己普通，才能更加理性地对待这个世界。

理想化的人生只存在艺术作品里，而真实的生活往往并不那么美好。原谅自己的不美好，原谅这世界的不美好，不管别人如何骂我、咒我、辱我，不管这世界怎样待我，我自钢铁围墙毫发无伤。

人生有高峰就有低谷，所有的事情都会转化。面对成功不骄傲，面对挫折不气馁，无论挫折还是成功，都是人生旅途中一道短暂的风景。我们对所有的现在和未来，都要来时不惧，去时无伤。

4. 浮躁、急躁，是功败垂成的加速器

　　朋友 V 是一名律师，认识他的时候，他刚刚进入这一行。因为是新手，平时业务不是很多，他的情绪就有些不稳定，总想着在本职工作之外再折腾点别的出来。

　　其实 V 的生活已经相当不错了。早些年，父母给他在昆明的闹市区买了一间门面，现在每年租金不菲，再加上一家几口人的工资，足够保证他们过上衣食无忧的生活了。按理说他完全可以静下心去研究学术，提高自己的业务能力。可他却不这么想。

　　前几年，流行买卖基金，很多人也因此赚到了钱。看到很多

老同学都在买，于是 V 也开了个户。可是他本人对基金一窍不通，买卖全凭感觉，加之之后股市动荡，导致基金收益下滑严重，他赔了个底儿掉。越是这样，他就越舍不得撤出来，一直放在里面，现在几十万的本金所剩无几了。

可是他不吸取教训，还想再折腾点什么来。眼看着租他家门面的那家人生意做得红红火火的，V 就琢磨着把店铺收回来，自己也干个啥生意，心想怎么也比收那点租金划算多了。

谁知道坚持几个月，赔得一塌糊涂。V 怀念起光收租金不用操心的日子，遂又把门面转让给别人，继续当起包租公来。从开店到转手给别人，速度快得都让我来不及反应。他要是能把这份果敢和做事效率放到工作上，根本不用担心接不到单子。

又过了两年，V 的表姐夫找到了他，说深圳某某橡胶厂因资金紧张急需注资，收益特别高，投资一万块每月就可以分红三百元，表姐夫还拿出自己的收益单给 V 看。V 看了自是心动至极，连忙和表姐夫一起飞到深圳实地考察，考察完之后特别高兴，于是不经过仔细考虑，就鲁莽地把自己这些年的存款全都投了进去。结果可想而知，一场骗局，血本无归。这次 V 低迷了很久很久。

这些年来，他把自己的主要精力都用在与主业无关的事情上，结果所有投资都失败了，他的律师技能也根本没有一丝长进，依旧只能算是律师界的新人。而与他同时进入这个行业的同行们很多都成了比较有名的律师。他有点后悔，早知道这样的话，还不如当初一门心思都放在业务上，说不定现在也早就功成名就了。

另一个朋友N是一家大医院的护士，正式编制，工资待遇也都不错，刚开始她自己也觉得非常满意。然而几年之后，看着身边的几个同事都当上了护士长，她就有些不淡定了。

再加上这几年流行做微商，非常挣钱的样子。她就想，既然当护士没有前途，那还不如做微商，说不定还能走上人生巅峰呢。于是她就开始在朋友圈里忙活起来，对于本职工作有些应付了事，得过且过。

对于她的这种行为，我有点不明白，就问N："妹妹，你现在这么年轻，有这么多的精气神，干吗不好好努力工作呢？医院工作多好啊，多少人想进都进不去。"

N很不屑，回答说："你懂什么啊？你再努力你能当上院长吗？卖面膜就不同了，卖得好我可以卖成CEO呢！"

好吧，我只有祝福她能够及早当上CEO了。

为什么现在的年轻人，放着好好的本职工作不做，偏偏要去瞎折腾，非要去做什么第二职业？为什么大家总是三心二意，不愿意坚持呢？这不得不说是我们的认知发生了偏差。

这个社会需要各种各样的人才，每个人都有自己的定位。虽然现在我们还都是很普通的职员，可是只要努力，总有一天我们能够独当一面。

年轻人应该折腾，但不能瞎折腾，要有自己的规划，要心思笃定，不要头脑一热就不顾一切，要经受得住社会的浮华，慢慢沉淀下来，知道自己应该做什么，不应该做什么。

如今时下的很多年轻人，总是好高骛远，自命不凡，觉得自己生来就应该干一番大事业，结果却在现实工作中坚持不了几天就武断地觉得升职加薪无望，便以大材小用、不适合自己等等借口为由，跳槽离职。到最后，觉得自己什么都行，其实什么都不行，没积累到经验，也没学到什么本领，转了一圈又回到了起点。

在工作上没有定性的人生活上往往也一塌糊涂。随着年岁的增长，脚下的路越来越窄，关掉的大门越来越多，到最后他们只会苦叹自己心比天高，命比纸薄，开始抱怨社会不公，人情淡薄。

其实他们不明白，只要踏实一点，坚持用心把每一项工作都做得好一点，把自己的技能再提高一点，为他们敞开的大门就会越来越多，路子也会越走越宽。而他们踏实勤劳的付出得到的那些收获，足以让他们过上体面的生活。

当下的社会太浮夸，一些自我标榜的社会公知都在给年轻人灌输"趁年轻折腾吧，不折腾死路一条，瞎折腾没准还能杀出一条血路"这样的思想，实则是把他们拉入了误区。这种话听起来有赌博的意味，然而人生不是赌博，你必须要实实在在活过才行。我不反对年轻人折腾，但瞎折腾只会误了我们自己。

大多数时候，问题出在瞎折腾的"瞎"字上面。我们要折腾，但要有规划，有目标，不要人云亦云、随波逐流。我们要坚持自己的初衷，不要让社会的浮华把自己的生活弄得一地鸡毛。面对困难，要迎难而上，一步步走下去，相信总有一天，你会感激你走过的岁月。

5. 除了远方，还要有眼前的"苟且"

公交车上，旁边两个男生和一个女生在叽叽喳喳说话。

女生说："XX最终还是去读食品与安全专业了。你说她怎么想的，我都替她发愁，这个专业将来能找到工作吗？"

"有本事的人不上学照样能赚大钱，没本事的学历再高也不一定能养活自己。"男生A带着少年惯有的桀骜说。

"就是，读再多书也没用，我都不想读了，就想在哪弄点赚钱的营生。"男生B带着不耐烦的语气接话。

"读书没用，你还来补习干吗？"女生反问。

男生B跷起二郎腿："你以为我想来啊，要不是我爹拿着棍子非逼着我来，我才不愿意呢！现在这社会都看钱了，读那么多书有啥用？读书能当饭吃吗？你让它给我变出两个包子来试试！"

本是应该好好学习的年龄，这几个小毛孩子净想这些乱七八糟的事情。

实在听不下去了，于是我对他们说："你们呀，自以为很了解这个社会，其实什么都不懂。你们现在想挣钱，想创业，你们不想想你们耳熟能详的大佬哪个不是名牌大学毕业的？且不说你能不能成为大佬，就现如今找个一般的工作，怎么着也都需要大专的文凭。如果你连大专文凭都没有的话，别说成为富豪了，你真的可能连吃饭都成问题。当然，你可以说创业不用学历，那么我请问，你们准备做什么？没有专业过硬的知识，也许你只能开个包子铺。即便你开了个包子铺，没有专业的知识和学问，你的规模也做不大。"

我转向男生B，继续说："你爹拿着棍子要赶你去读书，那是为了让你以后不后悔，因为他比你知道读书的重要性。现在你年龄还小，没有感觉，可当你走出现在这个地方，到大一点的城市去，你就明白了。"

几个孩子不吭声了。

沉默了好一会儿，男生 A 说："就是，咱们还是得上学，至少也得到昆明读几年大学。"

女生若有所思，然后问我："姐姐，我有个好朋友，她今年考取了食品与安全专业，这个专业现在好找工作吗？"

我想了想，然后告诉她："你以后选择的工作有可能和你所学的专业没有一丝关系。大学毕业证只是你找工作的敲门砖，即使我们工作了，还得继续学习，这样才能保证不被淘汰，所以你学什么专业，并不能绝对影响你未来的发展。而且现在国家越来越重视食品安全问题，咱们这些老百姓也想吃得更加健康，所以这个专业的前景还是不错的。"

他们不再说话，过了一会儿，公交车到站，他们下了车。

我不知道我这番话是否能让他们对于读书有更加深刻的理解，我只是觉得需要有人能给那些正处于惶惑中的年轻人指点迷津。

二十岁左右正是好好学习、努力成长的年纪，在这样几乎没有任何负担的年纪里沉淀和积累自己，才是他们的主要任务。谁的青春不迷茫呢？迷茫不可怕，可怕的是如果不学会理性对待这种迷茫，你心中的暴躁和浮华最终会摧毁你，你会忽视和否定努力的作用，变得消极拖沓，不敢为自己的未来负责。没有哪一次成功是不需要知识支撑的，也没有哪一次辉煌不需要积累作铺垫。只要我们不断强化自己、丰富自己，就能用我们的才华去敲开通往成功的那扇门。

所以，不论你遭遇什么，考试落榜或者辍学在家，又或者你不得不将就学了一个自己并不喜欢的专业，更或者找了一份自己完全没有兴趣的工作，这都不是你蹉跎岁月、怀疑人生的理由，不要犹疑你的付出，如果你想成功，就一定要继续沉淀、继续努力。

一个真正成功的人在面对人生各个阶段的时候都能够静下心来把当下做好，珍惜当下便没有失败。现在的你还那么年轻，只要不浪费自己的生命，不断积累沉淀下去，你肯定能收获属于自己的果实。

不要总看着远方，要着眼于当下的路，当下做好了，未来才会以美好的样子来到你面前。如果你总是望着未来，你会忽略脚下的付出，只会更加迷失，更加沉不下心，最后有可能会错失一切。

我有一个文友，以前只零零碎碎写过一点文章，从来没出过书，结果有编辑找她，第一部作品就畅销了。那时候我很不服气，我都写了几十万字了也没有出名，她一写就畅销了，这运气也太好了吧。

后来她送给我一本自己的签名书。我打开她的作品，越往后看，心中的怨愤就越少，取而代之的是更多的敬佩和欣赏。不得不承认她的思想深度、她引经据典的出处、她的文字功底还有逻辑思辨能力皆是我所不能及的。换言之，虽然我坚持写了很多年，可功底却比她差得太多。

看完之后，我不禁问她："你怎么写得那么好啊？"
她和我说起了她的一些生活。

从小她就喜欢读书，可因为家境不好，没有很多书读，她就经常到处借书。到了大学之后，很多人都忙着风花雪月，她却没有。她的大学生活基本都是在图书馆度过的，博览群书，写论文，做研究，也许在别人看来很无聊，她却过得十分充实。虽然没有正儿八经写过一本书，但是有这么多的积累，她的思想深度和笔力早已达到了一个很高的层次。

大学毕业之后，她选择留在大城市，工作很出色，深得老板的器重。可她刚在那座城市安定下来，正打算有所作为的时候，她母亲却得了很严重的病。

为了方便照顾她的母亲，她放弃了原本很有前途的工作，回到了老家。利用这段时间，她思考了很多，关于人生，关于生活，全都用文字记录了下来，结果得到了很多网友的共鸣，于是就有了自己的第一本书。

母亲病好之后，她没有再回到以前的那座城市，而选择了在老家找份工作，闲暇之余继续读书写作。

她说她仍需要沉淀，她需要一个继续深造的机会，让自己飞得更远。虽然她也不知道自己到底能走多远，但是她懂得每前进一段便停下来认真思考和回顾。这样也许走得很慢，却可以走得异常安稳。

她的这些话让我认识到自己的鲁莽和自不量力，于是不再执拗于现在，开始安心充实自己。如果地基不扎实，楼层盖得再高，也不过是个豆腐渣工程，总有一天要轰然倒塌的。

之前我在网上看到一个段子，觉得很有道理。
这个段子的大概内容是这样的。黄鼠狼在养鸡场旁的山崖边树立了一块牌子，上面写着一句非常励志的话："大胆抛弃你的传统禁锢吧，不勇敢地飞下去，你怎么知道自己不是一只搏击长空的鹰呢！"从此以后，黄鼠狼每天都能在崖底吃到那些摔死的鸡！

这个段子很有意思，说的就是我们时下的一些年轻人总被别人的成功经验蒙蔽，被那些大肆宣扬的"鸡汤"洗脑，找不到自己的人生定位，做一些虚无缥缈的妄想，搞得自己的人生都鸡飞狗跳的，最后还有可能变成别人的猎物。

我们每个人都需要正视自己，认清自己，清醒做自己，踏踏实实做事，有机会学习就好好学习，没有时间学习的时候也要想办法提高自己，不要焦急地想要拥有一些暂时还不属于自己的东西。只有你对自己足够了解，并且做好随时冲刺的准备，你才会有源源不断的能量翱翔。

世界这么大，靠谱最重要。

6. 人生真正重要的从来不只是努力

前一段时间，网上流行一个挖钻石的漫画，图上画的是两位挖钻石的人。上面的那个人刚开始不久，还在坚持不懈地努力；下面的那位已经挖了好久，却在马上要成功的时候，带着疲惫和颓废黯然离开。

这张图的画外音是：当你想要放弃的时候，想想当初你为什么坚持走到现在。这幅图的寓意很好，很多处在迷茫中的年轻人都用此图鼓励自己继续坚持下去。

不过，我不知道那些人想没想过这样一个问题：如果一开始方向就错了，即使你继续坚持，有可能挖出钻石吗？很多人都为图下方的那个马上就成功的人感到惋惜，可也许在他看来就是一个明智的选择也说不定。第一，坚持了这么久，依旧没有看到成功的影子，再继续下去，谁也不知道会怎样；第二，趁一切还来得及，现在就放手，换个方向，也许就能找到正确的道路；第三，该做的努力都做了，该付出的也都付出了，即便不曾成功，也对得起自己了，最起码不会后悔。如果从这个角度去思考，我们是不是该为那个人庆幸呢？

我的一个长辈，年轻的时候特别热爱文学，凭着一腔热血写了一部几十万字的长篇小说，并千方百计找到省作协的一位老师指导。老师翻看了之后，觉得他的这种精神可嘉，于是鼓励他说："小伙子写得不错，但是要继续努力。"

这位老师也许只是出于好心，不想打击他，可他的鼓励却让我家那位亲戚信心百倍，从那之后，便一发不可收拾。为了写作，他辞了原本很好的工作，放下一切世俗的烦扰，在乡下专门租了一间房子努力耕耘。

时光荏苒，日月如梭，一晃十年过去了，他写的东西却依旧得不到外界的认可，除了零星一些在杂志上发表的豆腐块文章之外，他的长篇小说并没有多少起色。而在此期间，原本青梅竹马的女友也因为他的偏执离他而去。

他更是不甘心了，觉得自己已经付出了这么多，没道理不成功！是的，已经坚持这么久了，为什么要放弃呢？或许明天就能挖掘出钻石来也不一定！可他忘了梦想是建立在现实的基础之上，脱离了现实，所有的梦想都只能是空想。而伟大的文学作品无一例外都是在生活中产生的，一味地光顾着写作而不去好好生活的人根本不可能写出好东西来。

唏嘘之间，二十年过去了，青年早已被岁月蹉跎到了中年，可他的小说依旧没人愿意出版。他心焦如焚，长期的忧愁和愤懑使得他的头发胡子都白了，身体也因为长期的抑郁患上了顽疾，五十多岁的人看上去就像个垂暮的老人。但已经付出了那么多年、那么多珍贵的光阴，现在放弃了多可惜，于是又不得不继续坚持下去。

这位亲戚是我的长辈，我无意评论他的选择。有时候，看着如今老态龙钟、孑然一身、无儿无女的他，我的心里很不是滋味。他选择这样过自己的一生，真的失去太多的东西了。如果他当时不执拗，不非要一条路走到黑，说不定在别的行业早就有了很好的发展，也许早就可以享受天伦之乐了。

可时间是回不去的，不论结果如何，我们都要为自己的选择负责，谁也逃脱不了。

努力而专注地追逐梦想是一件弥足珍贵的事情，但是如果为此而抛弃一切，有时候会让人丧失理智，丧失对自我的客观认知。当你少了生活的必要历练，一门心思追逐于一个结果的时候，这个结果就会成为一个很重的负担，它会压得你喘不过气来。

很多时候，我们必须明白一个事实：现实与理想之间是有差距的，完全凭借一腔热血有时会蒙蔽自己。这并不是说我们不够优秀，只是我们走错了路。走的路对了，所有的努力才可能落地，才能有意义。

一个人若总是失败，那他就应该停下来，休息一段时间，好好想一想，让心灵归于寂静，然后去做点别的事情，好好审视自己，审视走过的路，思考是不是自己走错了路，如果是，那就要跳出自我的束缚。不经常反思自己选择的道路，很容易就会走进死胡同，让自己陷入两难的境地。

　　并不是所有人都有客观评价自己的能力。特别是在不够清醒的时候，人们总会对自己缺乏一个客观公正的评判，要么评价太高，自欺欺人，要么评价太低，自我贬损。

　　有时候，没有成功，也许不是我们的努力不够，而是刚开始方向就错了。这时，我们需要静下心来找原因，看看到底是因为我们的确不适合这份工作还是付出的努力不够。如果是努力不够，那就继续努力，如果是不适合，那就必须调整方向及时止损。就拿唱歌来说，你唱不了流行音乐，不代表你唱不了古风，唱不了歌剧。如果真的都唱不了，也许你跳舞很厉害，或者画画很有天赋呢。但如果你就执拗在流行音乐上，那你的失败也就理所当然了。

　　每个人都有自己的特长，那才是我们应该坚持的地方。

　　我一朋友的表哥，小时候特别叛逆，学习成绩一塌糊涂，整天在外面和一群男生瞎折腾，打架滋事，惹是生非，靠谱的事情一件不做，不省心的事情倒是一大摞，反正就属于那种干啥啥不行、学啥啥不会的人。父母和老师对他都失望透顶了。

　　那时候，正好有一个艺术学校在当地招生。为了把他与那些狐朋狗友分开，同时也希望他以后能有个一技之长，父母就给他报了名。

谁承想歪打正着，表哥找到了适应他的位置——男高音。打那以后，表哥真的就像变了一个人一样，彻底断绝了和以往朋友的联系，也不再像以前那样叛逆暴躁。因为不是科班出身，他更是花费了比别人多得多的努力。而现在，他成了小有名气的男高音歌唱家。

以前的他和现在的他都是真实的他，所不同的是他非常幸运地跳出了以前的束缚，找到了真正属于自己的道路。后来表哥和我们说："每个人都有不同的一面，好的、坏的，不管你承不承认，它都是存在的。当你不顺时，跳出自己的禁锢，从别的角度重新审视你自己，也许就能有不一样的收获。"

其实最终能写完这本书对我来说是一件很不容易的事情。之前我一直都在写小说，可写得不好，故事不饱满，感情描写过多，很不受读者的喜爱。后来，我回顾了我的很多过往，思考了很多，发现以我现有的经历根本不足以支撑我写出一部精彩的小说，所以我决定重新审视自己。

因为本身性格相对柔软，工作时间又不固定，这些年又认识了很多全身正能量的人，所以我就调整了方向，开始写短篇故事。转型的第一年，我依旧写得很差，甚至连那仅有的一点灵性都没有了。经过一年的努力，我终于找到了自己的节奏。现在我的第一本书已经出版了，这是我的第二本。这并不能说我成功了，我只是懂得重新审视自己，懂得调整自己而已。

大学刚毕业的时候，我做过一段时间广告策划，可我实在是缺乏想象力，也没有什么好的创意，所以那段经历可以忽略不计。因为普通话还不错，模仿能力也还可以，后来我就转行做了广告视频的配音员。再后来，我根据自己的性格特点——有亲和力、脾气好、有耐性等，改行做了销售，并且开了自己的店面。

这些年来，每一次主动改变都让我自己受益匪浅。

在奋斗的过程中，我们需要有坚持到底的精神，更需要有及时调整方向的眼光和勇气。失败时不气馁，跌倒了爬起来拍拍身上的灰尘，笑着对自己说："待我整顿内心，找对方向，再重新来过。"也许你现在面临很多困境，但你仍然要相信上苍是公平的，总有一扇窗会为你开，总有一条路适合你走。在找到这扇窗、这条路之前，你要有耐心、有韧劲，多去探索积累，去体验这世间的林林总总，最后才能找到完整的自己。

　　当你羞于认知这个世界，当你躲在壳里屏蔽世间一切，当你不愿意去重新认识你自己，你以为那是你的福分，其实你早已败在了自己的手里。不要执拗于为什么你的付出没有得到回报，钻石永远都在，有时候有可能是你走错了路。

7. 命运靠自己转弯

一位姑娘跟我唏嘘，说她最后悔的一件事就是去外地读书。我问为什么。她说不去外地读书的话，就不会邂逅现男友，也就不会陷入现在的两难境地。

原来这姑娘在大学期间谈了一个男友。男友对她很好，好到让她觉得大概这辈子都遇不到第二个如他一样的男人了。他们计划等一毕业就步入婚姻殿堂，可是姑娘的妈妈不同意，强烈要求姑娘必须回老家工作。

姑娘的妈妈也很不容易。她年轻的时候一个人从大西北跋山涉水一路追寻深爱的男人来到沿海地区，可最后却被那个男人狠心抛弃，她带着女儿好不容易才走到今天。眼看着女儿又要步自己的后尘，做母亲的怎么能不心急？

姑娘妈妈说，除非她男朋友在这儿买套房子，并且答应结婚之后到这边生活，不然一切免谈。

可是，对于一个家庭条件不是很好又刚参加工作的人来说，这个要求就显得有点超出能力之外了。再说了，结婚之后到这边生活，这也有点强人所难。姑娘就想着先把生米煮成熟饭算了，于是打算回家把户口本偷出来，和男朋友直接领证去。谁知道她妈妈早已未雨绸缪，还做好了请君入瓮的准备，姑娘刚一回去就被锁在了家里。

在她妈妈的软硬兼施下，姑娘心软了，答应在本地找工作。

现在这姑娘很矛盾，她既不愿意和男朋友分手，又不得不照顾她妈妈的感受，每天都是负能量，做什么都没有精神。

类似姑娘的妈妈的这种人现实生活中还有很多，我们经常能听到类似这样的声音："你看看，我为你付出了那么多，最后得到了什么？你是我的孩子，我绝对不许你步我后尘！""我吃的盐比他吃的饭都多，他个毛头孩子懂什么？将来少不了要后悔！""不听老人言，吃亏在眼前，当年我就吃了这亏，我还能再让我孩子也吃这亏啊？"那态度就像是不听他们的劝告，就注定要吃亏上当一样。其实不然，毕竟每个人面对的都不可能是同一个对象，每个人的经历、教育程度等都不一样，如果就这样武断地做决定，那才有可能是断送孩子们的幸福。

特别是父母对子女的付出，更要放平心态，千万不要总是摆着一副子女全都亏欠你的样子。你爱护、照顾子女，这是你的义务，子女尊重、照顾你，这也是他们的义务。这种义务并不等于他们没有做其他选择的权利，他们的人生只能自己去走。虽说所有的子女都需要尊重父母，但这不是父母干涉他们的理由。

而现实生活中，不光是父母这样认为，很多人也都觉得既然你亏欠我，就必须得按照我的想法来，这种想法当然会给他们带来诸多的不愉快。

工作当中，新来没多久的同事升职，你不淡定了，跳将出来破口大骂："你们看看，这是什么公司？这些年我为公司拼死拼活，大家可是有目共睹的，老板凭什么不给我升职，不给我加薪？"

忙碌一天，你回到家中，看到饭菜还没做好，立马开始抱怨："这一大家子人都靠我养活，回到家却连口热饭都没有，这日子过得还有什么意思啊！"

朋友聚会，没叫上你，于是你就继续抱怨："现在这人啊，都是用人朝前，不用人往后，都是一群白眼狼，我刚刚帮过他，这一抬脚就忘了。现如今啊，就不能做好人！"

如果所有的付出和得到都画上了等号，也许这世界就没有矛盾了吧，然而这样没有任何变化的人生还叫人生吗？你愿意过这样的人生嘛？人生的精彩之处其实就在于得到与付出的不确定性，这样才能让我们的生活每天都充满期待。幸福就要得之不易才能珍惜，付出很多得到一点点回报才会懂得感恩并知足。付出与得到永远都不可能一样，只有当得到小于付出时，我们才会理解人生的意义。

法国作家安东尼·德·圣·埃克苏佩里写的《小王子》里有这样一个情节：

小王子驯养了狐狸。当小王子快要离开的时候，狐狸说："唉，我想哭。"

　　小王子说："这是你自己的过错。我从未想过要使你难受，但你却要我驯养你。"

　　狐狸说："是这样。"

　　小王子说："可是你现在又要哭。"

　　"当然了。"狐狸说。

　　"这样对你没什么好处。"小王子说。

　　狐狸说："对我有好处，有了麦子的颜色。"

　　这是我特别喜欢的一个情节。是的，无论付出的结果如何，我们都收获了"麦子的颜色"。光是这样，就足够我们温暖地活着。感恩并知足，再多的付出都不要后悔，是那"麦子的颜色"成就了今天的你，并且会继续成就未来的你。

　　任何事情都有风险的，在你迈开脚步的那一刹那，风险就会伴你左右，你要知道也许你根本得不到任何东西，可你不能退缩不前，那是懦夫的表现。坚持走下去，你遇到的不一定是宽广的大路，也有可能是死胡同或者悬崖。一口井挖到底挖出的可能并不是水源，而是坚硬无比的岩石层。这时也许你会抱怨、不甘，觉得自己付出了这么多，总该得到点什么，然而眼前却是一片荒凉。

但是，追逐的过程就很美好，不是吗？你收获了追逐的快感，你享受了事情的过程，在付出的点点滴滴里，你觉得充实并感恩你的生活。一切都不会那么完美，这世界上有人笑，就会有人哭，有人得到，就会有人付出，不要问为什么不是你得到，因为你将得到的也许正在路上。即便到最后什么都没有得到，你依旧收获了"麦子的颜色"，这才是最重要的。

曾经有一些朋友问我："从陕西嫁到云南这么多年了，你后悔、失望过吗？"

我回答道："我从未后悔，也不曾失望。"

听我如此说，朋友感慨万千："你运气真好，遇到了一个这么好的老公，公公婆婆对你也都非常好。"

我说："不，我不失望的原因是无论漂泊多远，我都不会把自己人生的希望寄托在他人身上。你寄托越多，失望就会越多，这样别人会"压力山大"，你也会觉得委屈。时间久了，人与人之间的情感就容易出现问题，这样对彼此都不公平。对家人、对朋友、对同事的付出，我从来不去考虑能从中得到什么。这样即便什么都得不到，我也不会抱怨，不会唠叨，也就不会失望，相反每得到一点东西，我都觉得很幸福。"

人生本就是一场充满未知的奇幻旅行，忠于自己的梦想，认真对待每一件事。得之，我幸；失之，我命。无论现实如何待我，这都是我的心甘情愿，如果我们都怀着勇气一心向善，那结果一定不会太差。

第五章:

只有
平庸的人
永远能
保持最佳状态

我只是和
这个世界
不够默契

1. 谁是那个坚持到最后的人

　　上大学的时候，每年冬天，学校都会组织越野赛。

　　我身体素质不行，心脏瓣膜比平常人的厚很多，医生曾再三叮嘱我不能参加太剧烈的运动。因为这个原因，学校里的各种体育比赛从来都与我无关。也就是说，这项好几公里的越野赛，我有放弃的权利，也有充足的理由。

　　不过，我并没有那么做。我在其他体育项目上不行，这个不需要任何技巧的项目，总应该去尝试一下吧！至少我得知道我到底能坚持多久，不想这么轻易就否定自己。

结果第一次我坚持下来了，还取得了不错的成绩。有了第一次就有第二次，大学四年每一年的越野赛都少不了我的身影。

每个人都具备自己意想不到的潜能，只要愿意，你可以随时开始，只要不放弃，即使你表现再差劲，也一样可以到达终点。

跑的次数多了，我开始总结自己的经验。比如：刚开始的时候，不要跑得太快，如果你跑得太快，会让你很快因体能下降而失去继续奔跑的力量；除了调整呼吸之外，速度也一定要均衡；要学会掌握自己的节奏，不论你多焦急，也不论你多疲惫，千万不要受到别人的影响；等等。

记得第一次跑的时候，我和班里一个女生在开头的十分钟内就被大部队甩了很远。这时候，那个女生就跟我说："要不咱俩弃权吧！跑到前三十名才有奖励的，我们现在肯定已经是两百名以外了，跑了也是白跑。这样跑下来，简直就是生不如死。"

我说："不行，既然我们已经开始跑了，哪怕是最后一名，也得坚持跑完全程。"

跑了快要三十分钟的时候，有些同学开始搭乘旁边的校车。这时候女生又跟我说："这也太不公平了，凭什么他们能坐我们就不能坐？要不我们也搭一个便车吧？"

我示意她不要说话，不然空气进入肺部，就会造成很痛苦的反应。

我们继续跑，熬过身体的瓶颈期。扛过了那个临界点之后，我便觉得跑得越来越轻松，而这时候我的那位同学早就已经放弃了。

也许在某个临界点，你已经快要坚持不下去了，但要告诉自己不要放弃，并调整步伐和呼吸，继续前进，之后你会发现接下来的过程不再那么艰难了。

最后，我冲过了终点线，顺利跑完了全程。

四年的冬季越野赛练就了我坚毅的品质。这么多年过去，即使在最糟糕的时候，我也会按照自己的速度和方式坚持下去，不焦躁不嫉妒。我用这样虔诚认真的态度跑完了我人生中一场又一场长跑。

其实，人生就像一场超级越野赛，最大的敌人就是你自己。在路上的时候，你没有必要与别人相比，因为每个人的具体情况和策略都不一样，如果你被大部队甩了很远，不要气馁，不要被别人带乱了节奏，也不要按照别人的方式奔跑，按照你的节奏继续跑下去就行了。

也许我很普通、起点低、速度慢，还可能坚持不到最后，但只要奔跑在路上，我就会日益强大。和那些天生就含着金汤匙的人相比，我一辈子都那么微小而不足为道，但是只要完成了专属于我自己的强大，这不就够了吗？我干吗要跟别人比？哪怕仅仅从一个蝼蚁变成一只蚂蚱，那也说明我奋斗过，我没有让自己的一生白费。问心无愧，这就是给自己最好的回报。也许有人会为自己注入什么强力水、灵丹妙药，搭了便车，走了捷径，那又关我何事？他糊弄的是自己，我为何要去愤愤不平呢？

没有人能一飞冲天，只要努力坚持，岁月自会为你主持公道。

当你总是在苦苦抱怨和挑剔的时候，停下来好好反省自己是否缺乏一种坚持到底的品质。为什么同样的工作，别人就能坚持下去，而你就坚持不了？为什么同样的收入，有人就能把日子安排妥当，而你却捉襟见肘？你没有反思过，却一味去埋怨生活，生活自然也就不会对你仁慈。

让努力和坚持成为习惯，成为融进你血液里的基因，这样你就可以随时随地在任何状态下都能全力以赴。也许现在的你还不算太优秀，但请你不要心焦，不要气馁。人生就是一场又一场的越野赛，匀速奔跑，张弛有度，持之以恒下去，你会越来越优秀的。

2. 这世上其实有许多简单的幸福

　　她，曾是我的偶像和人生标杆，让我从小就不自觉以她为标准。因为认识她，我才知道这世界上有一种崇高的职业叫作作家，并渴望像她一样写出优美的文章。

　　那时候我的语文成绩总是很差，考试只能勉强及格，作文吭哧吭哧老半天，死活也写不出个所以然来。而她的作文，永远被老师当作范文念给我们听。

　　我一直都想和她做朋友，可是每次她都一副爱理不理的样子，让我不敢靠近。快毕业的时候，我才从一个和她玩得比较好的女生那儿知道她其实听力有问题，有时候听不清别人在说什么，有点自卑，所以不愿意与别人交流。就这样，忙于中考的我们，错过了成为挚友的最佳时间。

1997年，我们分道扬镳，各自奔赴不同的高中、不同的大学，开始了各自的生活。但是她坐在我前面认真阅读和写作的倩影，成为我心中永不磨灭的记忆。我时常对自己说："你也一定要做个如她那样的姑娘。"

时间如指间沙，不经意流逝了太多岁月。今年班级组织二十周年聚会，我们又联系上了。

得知我在写东西，她有点激动，更多的是意外。其实她不知道，这么多年来，我一直循着她的方向刻苦努力，心心念念想成为她的样子，也曾四处打听她的下落，希望能在某个杂志、报纸上或者某个书店看到她的文字。

然而，她已经好多年没写了。结婚后，她先生不支持她写作，两个人以前经常为这件事吵架，最后她也就妥协放弃了，开始一门心思工作，相夫教子。现在夫妻还算和睦，孩子也已经上了小学，家庭条件也不错，但她总觉得少了点什么，不再有发自内心的愉悦，如同丧失了灵魂一般。

听完她的叙述，我心里有些难受，不知道能说些什么。我想安慰她，又害怕不过是自己自作多情，也就作罢了。与她相比，我现在还能坚持写作不得不说是一件非常幸运的事情。而其实我能坚持这么多年，也是不容易的，也曾一次次不甘心地放弃，又一次次重拾起来，最后终于在头破血流中找到了梦想与现实之间的平衡木。

与我一样坚持梦想的人还有很多，然而有些人却无法平衡梦想与现实之间的差距，导致自己的人生狼狈不堪，得不偿失。坚持一件事情没有错，错的是我们太贪心，贪心到想让梦想养活自己。

有时候有些人不是想成就梦想，而是借此来逃避生活的沉重、生存的艰辛，这是懦夫的行为。所有的梦想都养不起生活，大部分人不得不去做自己不喜欢的工作，于是开始抱怨命运不公，总觉得上天给自己的太少，觉得自己怀才不遇。你要是真的怀才不遇，就根本不会抱怨，慢慢等待机会就好了，因为是金子总会发光的。

所有的不开心、不如意都是因为贪念太重。消除了贪念，把喜欢的事情当作纯粹的事情就不会那么痛苦了。现在的我，开店，相夫教子，闲暇之余看看书写写东西，不去想最后到底能不能出版，能不能受到读者的喜欢，也不去想会给我带来什么金钱或者名声的变化，因为它给我的东西远远不止这些，在我决定下笔的时候心里就已经丰盛。

人生的很多事情不能用世俗的眼光来评价，比如做这件事有什么用，能换多少钱？这样的思维方式，只能让人生活得非常痛苦，永远得不到真正的快乐。

真正能让人感觉幸福的，往往正是留在心底的那点小美好。热爱阅读，你就继续保持阅读的习惯；喜欢写点小文章，你可以在工作闲暇之余随便写写；喜欢书法你就去练习；喜欢邮票你就去收集；喜欢爬山你就去爬山；喜欢摄影你就去摄影；喜欢收藏你就去收藏……梦想养活不了我们，但这并不是埋怨人生的理由，恰恰相反，这应该是我们继续奋斗的动力。

几天后，我那同学兴奋地打电话找我，说根据《念奴娇》的词牌名和了一首词，让我看看如何。绝不是恭维她，虽然她已经很长时间没有写东西了，可是基本功非常扎实，和得确实不错。

得到我的赞许之后，她高兴了好一会儿，最后跟我说"要重拾曾经的自己"……

在《中国好声音4》中，退出歌坛九年的张惠春复出，虽然只赢得了一个导师的转身，她却依然泪流满面。那应该就是重生的眼泪吧！因为找到自己，所以眼睛都犯了潮。梦想也许不会让我们更富有，但却让我们更自由，更切实感到生命的悸动。

3. 熬，才是人生最深的滋味

邻居小伙在某农业集团供职。因这两年市场低迷，公司产品一直销量不好，小伙是拿绩效工资的，这样一来工资一直也不太高，还要供着房贷，压力很大，一时焦躁无比。于是他就整天做白日梦，希望能遇到个贵人，能给他投资。

不过一直都没有人投资他。小伙觉得整个人生都陷入了困境，非常绝望。

现如今有这样心态的小青年到处都是，很多人都觉得现实太过卑微，不愿意脚踏实地，总想着一步登天，一下子成为企业的高管，当上市企业的老板，年薪百万，迎娶白富美，然而却不愿意付出，不愿意踏出最初的一步。连成功之前那段时间的冷板凳都不愿意忍受，这难道不是白日做梦嘛？

《我是路人甲》这部电影描写了一群"横漂青年"形形色色的演员梦，其实也就是在表现很多普通人的人生。

在现实世界里，到处都有如万国鹏那般普通的年轻人，他们没有可以依仗的家世，也没有可以借靠的外表，却能为了梦想时刻做好准备，不放过任何一个微小的机会，哪怕只是在演一个普通的路人甲，也觉得万分感恩与激动；也有很多如王昭那般的人，长得帅气，又有点才能，就自视甚高，总觉得自己天生就是演主角的料，一旦被安排路人甲的角色，就投机取巧、偷工减料，或者干脆抱怨自己被大材小用。

正因为如此，前者的机会比后者多得多。

其实，平常的生活里就有大情怀。从平日里的一点一滴小事当中，就能看出一个人的能力和品质，不积跬步，无以至千里，做不好小事的人自然更做不好大事。万丈高楼平地起，没有一点一滴的积累，就不可能建成摩天大楼。

不要总想着有了别人的帮助，你的梦想才可以开始，不要总想着是因为没有人给你投资，所以你至今还未曾成功。如果愚公也这么想，光抱着一个不切实际的幻想，幻想有神仙或者别的人帮助而不是通过自己的努力，那么王屋、太行永远都不可能被移走，他和他的子孙也将永远被困在大山中。

即便人家想投资你，他们也是需要得到回报的，你连小事都不愿意做，也做不好，别人凭什么相信你？如果你侥幸遇到一个愿意投资你的人，那就更应该好好考虑了，因为有可能不是传销就是非法营业。

做什么工作不要紧，重要的是你必须依靠自己的双手生活，你应该活得浩然正气。不论你拥有多么庞大的财富，有多高的职位，那都不是你生活中最美好的部分，把自己活得精彩才是你应该去做的。你无须在意别人的目光，只要做好当下的努力，命运便不会辜负你的付出。一只萤火虫只有一丁点微弱的光，无数的萤火虫却可以照亮天空，也许你的每一步都微弱无光，可是聚集在一起就会是一股强大的能量。

世界五百强的外企高管都能放弃几十万年薪的工作去摆摊，让你端茶倒水，你就觉得掉身价了，请问你有身价吗？一个字，懒；两个字，虚伪；三个字，"玻璃心"；四个字，自视甚高。

请别把自己太当回事，这样只会让自己痛苦。

我特别喜欢梁朝伟写的《我是路人甲》影评中的一段话："戏里，年轻的路人甲们在探讨何为成功，我看的时候也在思考。我理解的成功，不是衣食无忧，不是获奖无数，而是你能否真正享受每一次努力的过程，有梦想、有目标是好事，但如果只看到目标，就很容易忽略过程。就像跑步一样，你一心想跑到终点，就会忘记欣赏沿途的风景。所以有时我们不懂珍惜，有时自视过高，有时怨天尤人，其实说到底，都是放不下自我。很多心中的不平都因为放不下，当我们学会放下，往往会获得更多。梦想，不仅仅是有梦、敢想，还有做梦和思考的过程，有了这个过程，结果是什么也就没那么重要了。"

就像现在的我，微不足道，普普通通，也没有什么远大抱负，但我并不抱怨，反而很满足。在人生的长河里，谁都不知道自己将去往何方，遇上怎样的转弯和险滩。这都不重要，重要的是记住当下，记住此刻自己奋斗的模样。

这一刻也许极其微小，但并不卑微，它将和过去以及将来的无数个微小一起，组建你生命中的长河。我们只要脚踏实地，在每一个微小的时刻中品尝行动的馨香，就一定会看到满园花开。

只要我们在此刻无怨无悔，那么落幕时必然光芒万丈。

4. 慢慢成长，悄悄坚强

不知不觉又是国庆了，时间过得可真快。

今天看新闻，说日本街头被中国游客"攻陷"。不过，最让我感触的不是国人在日本如何疯狂购物，而是朋友圈里朋友们的潇洒。你看：他此刻身处黄灿灿的大戈壁，吃着哈密瓜；而她正在拉萨拍那些虔诚的朝圣者；那个更会享受，为吃上一顿海鲜，直接从内陆飞到海岛……

这种洒脱，分外鲜明地衬托出你的孤独。对，你现在仍旧是一个坚守在岗位上的悲催小青年，你没有假期，也没有多少存款。平时你并不觉得自己有多么悲摧，可现在却不能淡定了。别人的旅行总是说走就走，而你只有加不完的班。

开店营生的人有很多，可像你这样开着店还写作的人不知道有几个？是否在某个地方也有他、她或者他们和你一样用文字释放内心的躁动？你问自己，试图向你的内心深处寻找答案。

实际上，你并不羡慕那些此时此刻正在狂欢的人。一路走来，你从不后悔，你感谢这十年不急不躁的付出，换来了现在幸福的生活。不论外面如何车水马龙、喧闹吵嚷，你内心都如一潭清水。你没有很多钱财，却比富豪更笃定；你内心丰盈，相信世间总有公道，付出总有回报；你比谁都相信努力奋斗的意义，也见证了这些年来自己的收获，对此你坚信无疑。

感谢你的出身和经历，因为苦难重重，你更懂得奋斗的意义，更加珍惜当下拥有的一切。苦和难，年轻时候就去遭受，有时候是一种幸运。

不论世界如何嘈杂，都请静下心来，时刻保持理智，淡定地看待这世间所有的高调与浮华，要耐得住这漫长的寂寞。

曾经，你也和所有焦躁、迷茫的年轻人一样，以为人必须在三十岁以前成功，否则这辈子就只能注定平庸了，但事实证明你错了。

三十岁以前的年纪，是探知世界和吸收知识经验的最佳时期，这时期你应该多去种植而不用太关注收获。

二十多岁的年纪，你豪气冲天，以为自己什么都行，全身装满犀利的刺，想和这个世界鱼死网破。现在的你，经过多年的努力拼搏和积累，渐渐懂得生活的美好，慢慢收起了身上的刺，抹去了棱角，不再犀利，像一块温润的璞玉，温柔却有力量。

三十来岁，才是一个人的黄金时期，你的人生还有更多的可能等你去开创。

音乐人小柯说："很多事，你不愿意做，你可以不做，但你不能不懂。"

是的，很多事你未必要去亲身经历，但你得懂，你得认清这个世界的人、物、事。

当你了解了世事，学会如何分辨人性的善恶，面对很多事情的时候，才会有广阔的视野，才会有自己判断的能力。

萧正楠在《趁年轻》这样唱到："有多少一年四季是属于年轻，有多少通关好运来支持你侥幸。"趁着自己还未老去，多学习，多见识这个世界，无论通过哪一种媒介，都值得你倾注心血。你不能拒绝成长。积累知识，从来都不会是坏事。

心丰盈了，就不会拘泥于小的情绪，也就能在青春的迷茫和脆弱面前经得起风雨。

不论你在何方，只要走在路上，心在远方，这就是一种最好的历练。

5. 每一份付出都会被岁月温柔相待

昨晚在天涯论坛上看了一些帖子，这些帖子大多都在说一些年轻人对现状的不满以及对未来的焦虑。我大体看了一下，其实这些年轻人的工作都还不错，收入待遇也还可以，发展前景很好，前途还都算光明，大可不必像现在这样唉声叹气、怨天尤人。

对于刚参加工作没几年的年轻人来说，不满足于现状，知道为将来担忧，说明他们有很强的上进心。不过大多数时候，抱怨不是什么好事情，并不能解决你现在遇到的问题。不论面对什么样的现实，你都得学会自己调节，一味地抱怨、害怕、退缩、焦躁上火，不仅会让你不知所措，还会对你的健康产生影响。

作为一名员工，你要做的是调整好自己的心态，用心做好自己的本职工作。如果你认为自己所从事的行业前途不明或者有别的想法，你可以利用业余时间学习一些新的东西，做你想做但一直没有去做的事情。你工作出色，又懂很多其他领域的知识，就不用担心有一天会被这个社会淘汰。只有你自己出色了，才会有出色的工作，才能无论遇到什么情况都心态坦然。

现在的你之所以焦虑，是因为你只想稳稳当当做着一份工作，安安稳稳一辈子不愁吃穿，没有任何风险，你没有对当下自身的工作付出全部的努力，也没有利用空闲的时间学习别的知识，涉猎别的工作，从其他行业中汲取养分。所以一旦有风吹草动，你就会觉得对你的现状造成了不可逆的影响，这时候不免就慌张起来，而你又没有能力为自己争取，那就只能逞逞口舌之快了。手有余粮，心才能不慌，如果肚子里有货，在任何一个行业里你都可以如鱼得水。

你不愿提升自己，使自己变得更强大，当然就会胆怯。没有任何一个企业会招聘一个故步自封而又怨天尤人的员工。

一个人只有拥有强大的能力和平和的心态，才能让自己不再那么焦虑，所以与其把自己压得喘不过气，还不如静下心多学一些东西。那些你现在努力去做的事情，也许会在未来的某个时刻带你走向一个全新的、更加适合你自己的领域。

前段时间，我看了真人图书馆文化推广人、作家秦琴关于土豆先生马德林的访谈，内心百感交集。

马德林这样一个普通人，年轻的时候从甘肃一个小地方来到北京，当起了北漂。刚到北京，他全身上下仅有三百块钱，可他依旧选择坚持下去。为了心中的梦想，土豆先生先后做过锅炉工、洗碗工、群众演员、替身、统筹、副导演、作家、职业经纪人等很多种工作。他说，工作的形式有千万种，但只要不偷、不抢、不坑蒙拐骗、不投机取巧，脚下的每一步都在靠近内心最美好的自己。最终，他终于实现了自己的理想，成为一名影视剧编剧。

我也有过在大城市漂泊的经历，也有过吃了上顿没下顿的日子，所以非常能体会这其中的辛酸冷暖，也知道继续坚持下去需要付出怎样的努力。

土豆先生在餐厅打工的时候，有一天看见报纸上招聘群众演员，觉得这是一个机会，于是辞掉了工作，破釜沉舟，报了名，结果他幸运地被录用了，在《吕后传奇》里饰演一个小兵。虽然只是一个非常小的角色，可土豆先生异常高兴。很多年以后，土豆先生已经是一个小有名气的编剧了，有一次和制片人聊天，此人正是当年《吕后传奇》的制片，得知土豆先生在里面做过群众演员，就跟他说："要是当年你认识了我，就不会走这么多弯路了。"土豆先生这样回答他："那不一样。有些路是必须要一个人去走的，如果我没有走过弯路，就永远都不知道弯路的意义，也就不会珍惜现在的一切。"

也许很多人会说，那不过是他运气好罢了。我不否认有运气的成分，但如果你不能坚持到让运气发现你，它又凭什么帮助你？即便做洗碗工，每天晚上十二点下班之后，他也要给自己两个小时的练笔时间；即使当群众演员，也会在闲暇之余看几页书，写一点东西。你能做得到吗？如果能，那么不用担心，因为成功肯定正在来的路上，你只需保持这种状态，等待即可。

我们现在的大多数年轻人，物质生活比土豆先生好很多倍，教育程度也都比他强很多，可是依旧过不好自己的一生，这是为什么呢？我们要么抱怨工作太辛苦，要么抱怨"路漫漫其修远兮"，看不到未来的模样，要么就在抱怨自己没有遇到贵人，没有人赏识你。如果你依旧还在抱怨生活，那么其实你现在的所受便是必然的结果。

如果现在你正处于动荡中，你应该感谢上苍为你安排这样的历练，亲身经历一些煎熬和苦难，你才能懂得珍惜眼前，珍惜所得的一切。这样的历练并不是每个人都能遇到的，如果你遇到了，那肯定是上天对你的厚爱，那背后定承载了满满的收获，丰盈你的生活。上天为每个人安排了不一样的生活，才使得我们与众不同，才能让我们在这岁月的长河里能够绚烂开放。

所以，不要害怕困难，也不要迷茫未来。当你觉得压抑、沮丧，对现在和未来不确定的时候，正好可以好好充电，好好沉淀。通过一段时间的观察、体验、思考与发酵，你会提升到更高的层次。我们的每一个人生阶段都会有无穷的意义，有时候走得慢一点，正是为了积蓄飞翔的能量。

无论你起点有多么低，出身多么普通，现在多么卑微，只要愿意付出，就总会有收获。你付出的越多，将来的你就越出色。不论日子有多难熬，都要告诉自己一切都会好的，你要相信好运气现在正在路上。在顺境的时候，沉下心来，不急不躁，在逆境的时候，多投资自己，以积极的心态扛过生命的灰暗期。学会在困难的日子里笑出来，这笑总会是甜的，温暖自己，也会温暖别人。

你真正活着，你身边的一切就都活着。

你最终不是为了成为谁，而是为了成为你自己。

6. 扛得住，世界就是你的

　　每当有些人生活不如意或者不如别人幸福的时候，我们经常会听到他们这样狡辩："谁不想自己努力奋斗啊？谁不想让自己过得更好啊？可是这个社会本来就不公平，那么多人都走偏门捷径，为何我就非要按部就班、老老实实的啊？"

　　诚然，因为出身等原因，一小部分人总是很容易就能得到很多东西，但这仅仅只是极少数现象。即便是这一小部分人也不是随随便便就能成功的，其实他们付出的努力往往比我们想象的多得多。我们要记住这样一个基本的事实：无论社会如何发展变迁，一个人的上升抑或堕落都是由他自己决定的，与这个社会的公平与否并没有必然的联系。如果到现在都不明白这点，那么你生活的不如意也就理所当然了。

我们承认这个世界不公平。是的，它并不公平。正因为这种不公平，才会让那些足够努力的人看到希望，才会让那些被动拖沓的人止步不前。乐观积极的人总会笃定向前，只有那些懦弱懒惰的人才会到处找借口为自己的失败开脱。

我的闺密L小时候特别不容易，时下狗血电视剧里的女主角简直就是为她量身打造的：父母离异，父亲再娶，后妈不喜欢她。生母身体不好，只能偶尔做点零工，家庭贫苦，母女俩相依为命。

不过L并不抱怨，对于这一切都坦然接受。她的学习成绩非常优秀，性格也非常随和，很受别人的喜欢，追求她的人很多。按说她找一个家庭条件好点的男朋友无可厚非，这样不仅她自己的生活能好很多，还能让母亲尽快过上好日子。可是L没有那么做，她选择了一种在别人看来很辛苦而自己却乐在其中的方式。

上大学的时候，为了补贴家用，她开始做各种兼职。兼职的同时，她的学业并没有落下，连续四年都拿到了国家奖学金，还拿了好几个有用的证书。我们这些同学都傻兮兮忙着玩乐的时候，她早就为以后做好了准备。

　　大学毕业后，我们都随便找了自己的第一份工作，而她却受聘于一家有实力的企业，听说还是那家公司主动签她的，让我们嫉妒得不得了。后来她又通过自己的努力步步高升，十年过去了，现在已经坐到了公司高层的位置，每年的股东大会上都能看到她忙碌的身影。现在她完成了从穷丫头到凤凰女的蜕变，成就了一段属于自己的传奇。

　　如果她当初没这么笃定，肯定不会有今天的成绩。

　　前段时间，她结婚了，对象是从大学就开始追她的 Z 先生。Z 先生家庭条件好，对她也一心一意，这么多年来从来没有变心。

　　私底下，我问她为什么到现在才答应 Z 先生。

　　她开玩笑似地说："我要通过自己的努力证明是我下嫁给了他，而不是我攀上了高枝。"

　　L 就是那么要强，任何事情都要靠自己努力得到。她曾说过一句"奋斗能让我切实感觉到呼吸的顺畅"，那句话激励了我很多年。

L一直都是我最佩服的女生，她的这些年或许在外人看来很辛苦，但我相信她的内心是极其踏实的。

努力或许不会那么快改变我们的生活，却可以提高生命的质地。

俗话说："三百六十行，行行出状元。"现在社会资源如此丰富，机会也遍地都是，你说现在竞争激烈，放眼望去没有方向，可即使挤不上独木桥，我们还可以选择游泳，不是吗？是一步一步前进，还是选择苟且妥协，都只能由你自己决定。你说你周围的氛围不好，朋友们都不看书学习，同事们也都得过且过，所以你才会被拉下水。但话说回来了，你连自己都控制不了，湿了鞋子还埋怨别人，最后除了骗你自己，根本不会有任何益处。

人总要学着掌控和管理自己，面对诱惑，面对挫折，面对人性中的各种阴暗面，比如虚荣、攀比、贪婪、嫉妒、懦弱、懒惰、撒谎等，勇敢面对并合理利用它们，只有这样才能让自己的人生朝着更好的方向发展。

面对困苦和挫折，你要有正视它、解决它的勇气。只要你能掌控自己的心思和行为，任何困难和挫折都只是暂时的。扛得住，一切便都是你的。

你必须弄懂人生的意义是什么，懂得什么是善、什么是恶、什么是黑、什么是白，知道什么事情可为、什么事情不可为。犯错失败并不可怕，可怕的是犯错失败之后，你不敢从头再来，继续选择苟且，选择妥协。

其实所谓青春，不是比谁的颜值高、谁的衣服漂亮、谁的名牌多、谁的追求者众，这些东西只有那些内心浅薄、不自信的人才会特别在乎。现在很多年轻人很容易受到社会浮华的影响，会动摇自身对道德的约束能力，不知道该在乎什么，不该在乎什么，长此以往下去，这对于个人的发展是极其不利的。

年轻的时候，我们应该在乎的是谁比谁更刻苦读书，谁比谁更努力工作，谁比谁更相信未来属于每一个艰苦奋斗的人。不伤害别人，也不被别人伤害，懂得保护自己，不出卖自己的身体和尊严。所有的外界物质都是有价的，而自己的生命和尊严是无价的。只要你时刻都注意自己的内心，相信努力奋斗的意义，风雨过后就一定会有彩虹。

除此之外，我们不能被社会的眼光所羁绊，不能因为别人的负面评价就破罐子破摔，也不能因为生活的不如意、亲情的淡漠、爱情的失意或者友情的背叛就改变自己一直坚持的道路。只要道路是光明的，你就应该坚定不移地走下去。

　　将一样东西抛向高处，你要花费很大的力气，可是要将它向下扔就毫不费力了，人生也是如此。进步的道路总是艰难曲折的，退后一步却是那样容易。人的一生就是奋斗的一生，我们得控制住自己对于安逸的欲念，迎着寒风坚定不移地前进。有时候苦难多一些，阻碍多一些，对一个人来讲，未必不是好事情。

7. 没有什么人生能够万无一失

朋友M，婚前老公许诺买套房子给她，于是高高兴兴地结婚了。婚后左等右等，房子终于买了，可房产证上写的却是老公姐姐的名字。这让她暴跳如雷，觉得自己上当受骗了，于是威胁她老公说，如果房本不改成她的名字，她就离婚。一时间，好好一个家庭，弄得鸡犬不宁。

如果你真的只是冲着别人的房子，何不直接嫁个有车有房的人？既然你有这么明确的目的，也别怪人家不敢写你名字，人家必须防备着点啊！

再说了，你想要买房子，为什么不能两个人一起奋斗呢？我国的婚姻法并没有规定男方必须买房子啊。当然，有能力买房子再好不过，如果暂时没能力，既然你选择了他，选择租房也未尝不可，谁说租房就不能好好相亲相爱了？

两个人在一起，就要对彼此负起责任。如果一栋房子能概括你对幸福的所有定义，那么你也只能自求多福啦。婚姻生活中，两个人承担的责任并不是依靠房子就能解决的，而是需要你自我成熟、自我强大。你只有把自己活得精彩了，才能有对别人负责的能力，如果你一味地向外界寻求安全感，那注定得不到自己想要的幸福。你要知道，即便结婚了，你也是一个独立的个体，不是放在房间里的宠物或者养在温室的花朵，所以有没有房子并不是你选择一个人的唯一标准。

在电影《致我们终将逝去的青春》里，陈孝正说："我的人生是一栋只能建造一次的楼房，我必须让它精确无比，不能有一厘米差池——所以我太紧张，害怕行差踏错。"

这句话被现在很多年轻人引用，甚至作为人生的座右铭。然而人生并不是一栋只能建造一次的楼房，人生之所以这样精彩，就是因为它有无限可能，如果拿建造楼房来约束自己的话，只会让你在得不到的时候暴跳如雷。这对于梦想，对于生活，对于你未来的道路都是徒增负累。

你以为你男朋友为你买了房子，你就遇到了一段好的姻缘；你以为你上了几年大学，毕业后就一定穿着高级定制的成衣，坐在窗明几净的高楼里叱咤风云；你以为所有的事情都会如想象中那般美满。可事实往往并非如此。

很多时候，我们都是眼睛长在头顶的怪物，常常错误地高估了自己，以为自己人见人爱，花见花开，车见车爆胎，所有的人和物都要依着自己的性情。然而你不过是这世间再普通不过的一颗花草，在与这世界的战争中屡战屡败，而又屡败屡战。

一个姐们离婚时跟我说："我以为像我这样通情达理又接受过高等教育的女人，一定能够处理好家庭关系，可事实证明我错了。"

所以，你要明白不可能事事都如计划那般完美。你站在C点往A点进发，你觉得一切都准确无误，可是最终你会发现你到达的是B点，这两点之间甚至差着十万八千里，有时候这就是人生。但是你付出的努力自己感受得到，这一路上你看到的风景也会让你心动不已，而如果你仔细感受，就会发现原来 B 点有着独一无二的魅力，甚至比你想象的 A 点更加绚烂多姿。

就像我，虽然完成了自己的一些人生目标——住在云南，开一间店，写东西，可依旧要面对生活中太多太多的问题。我的店面还是租的，每天都要发愁收支问题，我的店面装修也不是多么高大上，做的行业也不是自己最喜欢的，顾客也是鱼龙混杂且大部分素质都不太高，每天还要应付很多突如其来的状况，晚上回到家基本上都已经十点了，到家之后还得应付各种鸡零狗碎的家务，这些都和我曾经的设想有很多出入。

然而我明白，任何人的人生都不能有勾画的蓝图那般唯美。实际上，大多数人都不能按照自己的设想生活，如果你想幸福，那就要有一颗平和的心。面对现实与理想之间的差距，认识它，接受它，不气急败坏，也别怨天尤人。生活总有另一种惊喜，得与失，从来都是相偎相依。

果壳网创始人、CEO 姬十三说："梦想就像上厕所忘记带纸，这辈子遇到的次数有限，但真遇到时，发现能帮助你的人也很有限。逼急无奈，也总能找到办法解决，关键看决心。"

人生也是这样。你永远不知道明天在哪里，会发生什么样的事，即使规划好了图纸，并为之不懈努力，也不能保证一切与预期全然吻合。但你付出的努力越多，得到的收获就越多；你准备得越充分，幸运就离你越近，这是任谁都改变不了的真理。

人生是一场又一场屡败屡战的战役，你要不断地退让和妥协，又要不停地战斗。我们要允许自己的人生有所偏差，只要不是大的错误，都不必太过在意，不然所有的负能量都压在心头，总有一天会崩盘。

不要活在别人的眼光里，也不要败给自己的盲目自大，做一个努力的普通人，一边继续奋斗，一边享受生活。如果生活不能温柔以对，那么我们就要对自己更好一点。

第六章:

即使生活
不被理解和体谅,
我依然
会和这个世界碰撞

我 只 是 和
这 个 世 界
不 够 默 契

1. 人必须生活着，爱才有所附丽

在这个四处喧嚷而我内心异常平静的下午，坐在店里，为自己沏了一杯碧螺春，望着杯中的茶叶慢慢膨胀，思绪飘到了附近的两位男孩身上。

这两个男孩是亲兄弟，哥哥七岁，弟弟四岁，他们很小就跟着自己的奶奶一起生活。奶奶年纪大了，没有多少文化，每天就是和一群老太太打牌。因为如此，这兄弟俩基本上处于"放养"的状态，每天都在附近的街头巷尾闲逛玩耍。别说教育，能按时吃上一顿饱饭就不错了，简直像是一对野孩子。如果没有得到及时的关怀，你现在就可以看到这两个孩子的未来——街头小混混。

他们为什么会这样呢？因为他们的爸爸妈妈没有爱情了，离婚后妈妈远走，开始了新生活，爸爸也找了新女友，搬到外面去了。他们的父母只顾及自己的感受，放弃了这对他们爱情的结晶，不愿意再履行爱的教育，也不再为孩子的未来考虑，仿佛他们从来都不存在一样。

中国有很多这样的孩子，因为父母不再相爱而被动成了婚姻的牺牲品。

我呷一口清茶，有点淡淡的甘和隐隐的涩。我在想，爱情到底怎么了？为什么原本相爱的两个人却是那么容易选择分开？是不是我们很多人对于爱情的认知都错了呢？

相爱的两个人不可能永远都若只如初见，到后来都要回归平常，回归生活。初见虽有初见的新鲜和悸动，又怎么能比得过日久相处的温情？激情四射、风花雪月是爱情，生活中的平凡和琐碎难道就不是爱情了吗？不，我觉得爱情一直都在，它并没有消亡，只是以另一种方式继续进行而已。有些人看不见，是被生活蒙蔽了双眼，这样的人注定不幸福，而有些人却能在琐碎中感受另一种温暖，继续彼此相濡以沫的感情。生活也许不快乐，但是永远别忘了给对方一个微笑。

　　没有人永远都能生活在鲜花和钻戒里，柴米油盐才是真实的生活。你应该明白，爱情最后都会延伸到生活的方方面面。两人既然决定在一起，那就要做好心理准备，坦然面对将来的每一次矛盾和困难。你不能光顾着享受激情，而不承受激情过后生活的琐碎和内心的失落。

　　面对生活的不如意，不要怪自己的命运不好、遇人不淑，或者责备他（她）变了，变成了陌生人，而是应该问问自己对你们共同的生活和家庭做了什么。你好好对待生活，生活必然以美好回馈你，如果它变烂变坏，必然是你没有认真对待。

　　对他应酬后酒醉的晚归，你送上的是责怪还是醒酒汤？他需要你的时候，你有没有坚决地站在他身边？当初彼此做的承诺是不是早已忘记？相濡以沫的决心是不是也在争吵中消失殆尽？爱情中的两个人应该成为彼此的榜样，就好比家庭里父母要做孩子的榜样一样。你要用自己的努力多为对方考虑，而不是用你的责骂、啰嗦、絮叨来数落对方的不好。包容彼此而不是斤斤计较。不要因为对方忘记买情人节的礼物而负气辜负了大好时光，心态对了，就可以把每一天都过成情人节。

　　鲁迅先生说："人必须生活着，爱才有所附丽。"所以想要爱情，就一定要先学会生活。

电影《失孤》的结尾，执著寻子15年之久的雷泽宽在路上遇到了一队行走的和尚，他问道："大师，为什么会是我？为什么是我丢了孩子？"

大师回答说："他来了，缘聚；他走了，缘散；你找他，缘起；你不找他了，缘灭。找到是缘起，找不到是缘尽。走过的路，见过的人，各有其因，各有其缘。多行善业，缘聚自会相见。"

有些人在失去爱情之后，就会撕心裂肺地质问："为什么是我？为什么是我受到了伤害？"就像那位大师说的那样，你爱上了他，缘起；他不爱你，缘灭；你们相爱了，缘聚；你们分手了，缘尽。一路上，我们爱过的人，爱过我们的人，都各有其因，各有其缘。

只是佛家说的随缘，却被我们现在很多人误解了。现在很多年轻人，恋爱结婚是随缘，产生矛盾了也是随缘，婚姻亮了红灯了，随缘，过不下去散伙了，随缘，就好像丢弃一件旧衣服一样。

那么我想问，过分强调随缘的同时，你为生活做了什么？你有没有为你的生活坚持过？你是否认认真真、不计回报地付出过？你对什么都斤斤计较，只想着得到而不愿意付出，生活中出现一点问题，你就选择逃避，顶着自以为是的高傲自尊，破罐子破摔不愿低头，也难怪会过得不尽如人意。

现在很多年轻人都缺少对生活的真正热爱，上班本来就够辛苦的了，下了班还要继续放纵于声色酒场，还美其名曰"交际所需"。白天滔滔不绝，回到家里连一句温暖的话都不愿意和爱人说，原本最应该珍贵的东西，现如今却视作草芥。我们不能打着"为了将来更好地生活"这个口号，就遗忘和忽略眼前的美好。重视每一天的快乐，才能创造出属于自己更大的快乐。一位作家曾经说过，"爱情就是柴米油盐酱醋茶"。爱情和生活是岁月的双生花，没有生活的爱情，就像是水中月、镜中花，没有爱情的生活也同样会缺少很多趣味。

佛说随缘，是让我们把一切业障都看淡一点。真正的随缘应该是因上精进，果上随缘，努力过好自己的每一天，不求结果，只求不让自己的年华虚度。精进而为，多行善缘，不要让自己的思想总是禁锢于痴、癫、幻梦和妄想。

单身时，努力让自己变得更优秀。一旦执手，便要抱着不论面对怎样的困难、琐碎、羁绊、挫折、矛盾，都要有坚定不移相互扶持走下去的勇气。这世界上除了生死，其他的都是小事，所有的烦躁和困难都不过是绊脚石，总会有办法跳过去的。

毕淑敏老师说："每一对夫妻就好比是一个毛坯房，要经过长久的磨合和经营，才能慢慢打造出一套精品房。"我们不要在装修的路上丢下烂摊子，这样即使换了无数个对象，也终究住不上精品房。对于婚姻，我们更不能轻言放弃，只有经历过风雨的生活才能抵御得了地老天荒。

人的一生总会遇到这样那样或大或小的问题，我们要学会享受凡俗的生活，不要被凡俗的鸡毛蒜皮磨去了对生活的热爱。积极乐观的心态加上坚定向前的信念和行为，就能够把每一步走得踏实而稳定。提高自己对痛苦的承受阈值，降低自己对幸福的感知阈值，这样就能在平凡的人生中，感到点点滴滴的幸运。

先学会生活，才能让爱情有所附丽，珍惜眼前的人和物，不畏惧眼前的艰难，你终将可以择一城终老，遇一人白首。

2. 为平凡生活付出努力，就是人生的小确幸

有人跟我说，铜和黄金不是一个价格，所以幸福就有不同的价码。我说，生下来容易，活着很难，是不是我们都不要活了？

也有人跟我说，三十岁，你就应该成熟，四十岁就得严肃。我说，六十岁是不是得哭着等死啊？

当然，这社会上很多人都存在这两种想法。他们认为，贫穷和幸福是相悖的，富裕的人才有权利幸福。没钱的时候，你就应该苦哈哈地低头努力，不要微笑，微笑是富人才有的权利。他们认为吃五块钱的煎饼永远不会比吃几十块钱的哈根达斯幸福，心

态、性格以及衣着打扮更应该随着年龄的变化而日益成熟、严肃和老派，也就是说，五十岁就应该穿灰色调的衣服，穿十八岁的衣服是一种错，八十岁返老还童更是有悖世俗。

这些思想造成了他们的痛苦。没钱的时候难过压抑，逼迫自己一门心思创收，着急害怕岁月的流逝，担心年老无爱、幸福缺失。等到有钱了，年龄也大了，那些年轻时的梦想、悸动早已离我们远去，再也回不来了。其实他们没有明白，无论什么时候，幸福从来都是自己给自己的。幸福从未偏袒任何人，它永远都在我们身边，每个人都有追求它的权利，每个人也都有幸福的权利。

前段时间，和朋友一起户外烧烤的时候，遇见了一个如简大姐一样的老人。从她身上，我看到了岁月留下的痕迹和这些痕迹留下来的幸福。

那天阳光甚好，湖光潋滟，湛蓝的天空倒影于水中，形成水天一色的美景。当时朋友们忙着烧烤，而我正躺在阿拉湖边看书，看的是简大姐的《做你喜欢的事，什么时候都不晚》。

这样平静休闲的日子，对于一个仍旧奋斗在"逆袭"路上的我来说，一年能有那么一两回，已经是非常奢侈的事情了。也正因为过不上那样说走就走的生活，所以我更羡慕简大姐的洒脱。

就在这个时候，我耳畔响起了一阵活泼洪亮、底气十足的声音："哇，你也在看这本书啊？这书我前几天刚看完耶！"

就这样，我认识了贝贝奶奶。

贝贝奶奶有着超越她那个年龄的天真和热切，并且紧跟潮流，近七十岁依旧活力四射，玩电脑，建QQ群，吸引了一大批如她一样热爱生活的老人，大家一起徒步旅行，并沿途帮助那些需要帮助的人们。

我注意到她说自己是群主的时候，眼睛是放光的。我也是好几个群的群主，可我从来没有觉得有什么自豪的地方，但是她这个群主却让我觉察到了人生的意义。她的年龄，她乐于奉献的精神，她身上散发的活力以及难以遮掩的幸福香气，都在拷打着我这颗渐渐丧失活力的心。

忽然间，我想到了很多事情，比如年轻和年龄有必然关系吗？五十岁就应该穿很老气的衣服？八十岁就应该吃喝等死、死气沉沉？

　　我一直喜欢穿一些看上去比较幼稚的衣服，我先生总是说我："你都大妈级别了，能不能不要那么幼稚？"于是我尽量穿很成熟的衣服。我的性格有点"二"，直到现在，有时候走路还喜欢蹦蹦跳跳的，遇到高兴的事，更是会欢呼雀跃，我先生总说我："你都那么大了，不怕人笑话吗？"于是我学着严肃。

　　可在贝贝奶奶身上，我看到了自由。一个人是什么样的性格就是什么样的性格，不必拘泥于年龄的限制，也不必刻意掩饰自己，这样会活得很累。活出真我，自得其所。

　　谁说三十岁就应该成熟，四十岁就应该严肃？五十岁有二十岁的心态又如何？五十岁穿十八岁的衣服又如何？自己喜欢就好。如果事事都要在乎世人的眼光，事事都要拘泥于世俗的约定，人生就会少了很多自由，那样的人生还能有什么意义？

　　黄金和铜的价格虽然不一样，但幸福却是等价的。四五十块钱的瓷砖和两百块的瓷砖功能是一样的，金碗和铜碗也是一样盛饭的。谁说铜碗盛的饭就没有黄金碗的香？学会感知自己既有的幸福比什么都重要。

　　幸福是洒在自己身上的香水，你幸福了，你的家人以及你周围的人都能受到感染，而你自己也就会过得更舒坦。若自己不幸福，你也会把你的情绪传递给身边的人。分享幸福，你就会得到两份幸福。

那天，贝贝奶奶还跟我说了她的很多故事。

贝贝奶奶是20世纪70年代来云南的，她的丈夫是一位普通的地质工人，当年响应国家地质工作来到彩云之南，她作为家属随行。可天有不测风云，她的丈夫在她四十岁的时候因病故去，几年之后，唯一的女儿也遭遇不幸，现在就剩下她一个人。

丈夫和女儿临终前都和她说，希望她代他们好好活下去，多看看这个世界。为了他们的愿望，她必须让自己坚强起来。

丈夫和女儿去世之后，她的兄弟姐妹都希望她能回老家，可是她挂念长埋于此最亲的两位亲人，她要在这陪伴着他们。

五十岁的时候，她从伤痛中走了出来，带着他们的遗愿去看这个世界。

现在，她过上了无拘无束的生活，穷游了云南省的每一个县市。这一路上，她认识了很多志同道合的人，也帮助了很多需要帮助的人，自己渐渐忘记伤痛，幸福逐渐回归。

前几年，她还学会了电脑，学会了聊QQ，还建了一个志同道合者的QQ群。成员逐渐增多，队伍越来越壮大，现如今已经有好几百人了。

她和我说，人要过得豁达，看淡物质名利，才能让自己更幸福。

也许有人会说，老年人之所以洒脱是因为他们无欲无求、无牵无挂。

我想说的是，也许现在我们还不能来去无牵挂，我们还很年轻，还必须趁着精力旺盛往前奔，在这么残酷的世界里忍受各种负能量，但贝贝奶奶的这种洒脱精神，不论在什么时候，都值得我们每一个人学习。物质追求不尽，犹如过眼烟云。只有心安了，放下了，减少了自己的欲望，才能让幸福紧跟在我们身边。

梦想之所以是梦想，正因为它是自由的，没有任何限制，每个人都有权利追求。一旦梦想被欲望占领，让你为了目的不择手段，让你忘记周遭的一切，不要命地往前冲，这样的梦想最终会变成我们的负担。而欲望太多，野心太大，我们就注定幸福不了。幸福往往不是追求的多，而是要求的少。

前几天，我听到一个为了追求梦想几乎走火入魔的故事。某小青年的梦想是成为省作协会员，为了早日实现目标，他不谈恋爱、不交朋友，每天不是写作就是看书，除了吃喝拉撒，便再无其他事情，真的是两耳不闻窗外事，仿佛就是一台永不损坏、不需要维修的机器。可是他不管怎么努力，却总是被关在门外。越是被拒绝，他越是执拗：写，一定要写进省作协！时间长了，他的精神已经到了崩溃的边缘。

我当然支持他为了梦想而努力，可当他屏蔽了周遭的一切，闭上眼睛塞住耳朵一门心思去追求一个绝对结果的时候，就已经在自己梦想的道路上设置了一个又一个的路障。追求梦想是幸福的，为了追求梦想而放弃自己原本应该有的生活绝对是不幸的，生活才是幸福和梦想的载体，它承载了我们的一切。

简大姐说："我不会把任何事情都想象得很美好，因为我知道人生的每一步都包含着艰难。但我更相信一个人怎么对待生活，生活就会怎么对待他，生活给我们的艰辛能够让我们成长，变得坚强。只要用心生活，用心奉献和付出，种瓜可以得瓜，种豆可以得豆。"

我说："如果追求梦想的道路让你丧失了对爱的感知能力以及

对自我和他人的珍惜能力，那么这条路就是一条不幸福的道路。生活是快乐的，如果不能快乐，你就应该去反思你的当下。欲念太深，注定会影响你的生活质量。"

现在的我依旧做不到如简大姐和贝贝奶奶那么达观和洒脱。我需要背负的东西仍旧很多很多，我必须每天奋斗让我的亲人过上舒适的生活，我还不能任性地来一场说走就走的旅行，不过我仍旧会享受生活的美好。在工作的时候认真工作，出去玩的时候好好地玩，这才是造物主创造白天与黑夜的意义。

我希望在老来的时候，也能做一个如贝贝奶奶和简大姐那样的老人，用坚韧达观的心态走完我的一生，温暖自己的同时也温暖别人。

不同时期有不同时期的幸福，你我都应该珍惜现在已有的幸福。

3. 一边泪流满面，一边心花怒放

前些天，相距千里的表妹打电话给我。电话里她唉声叹气，一把鼻涕一把泪地哭诉老公的种种缺点，说他一个大男人，每个月就赚那么点钱，还不够生活的，她经常会因为这种拮据的生活和自己的老公吵架。她还和我说："这样的人生很累，没有一丁点希望，我想离婚！"这是表妹最后的结论。

我沉吟了半晌，问她："你觉得他一个月赚多少钱才足够？"

表妹支吾了一会儿，说道："至少要让家里财务自由吧，想去哪里就去哪里，想买什么就买什么。可是现在这个男人挣钱挣得这么少，我永远也不可能过上我想要的生活啊。你说我当年是不是瞎了眼啊？"

想在我这里倒苦水，让我当你的垃圾桶？我才不是那种烂好人。是的，我不是那种会在你遇到难题时陪着你哭天抢地的人，我只会狠狠地对你说，想哭你就使劲哭吧，千万别想拉着我陪你一起哭。在这浮躁的世界里，每个人都那么忙，谁都没义务陪你一起唉声叹气和流泪。你应该直面问题，去寻求解决办法，而不是整天向别人哭诉，寻求那点少得可怜的安慰。

实际上，别人的安慰是解决不了任何实际问题的。安慰完了，问题还在，只要你不去解决，它就会一直都在。

于是我毫不客气地对表妹说："既然这个男人这么差劲，我看直接离了算了，也省得你天天这么窝心。"

电话那头猛然屏住了呼吸，看来她根本没有想到我扔给她一个这么残酷的结果，而不是顺着她的意思，和她一起痛斥她老公的不是。隔了一会儿她才缓过神来，接着又唠唠叨叨地说："我就是心疼娃，娃还这么小，我不想让他在单亲家庭中长大。"

我继续没好气地说："你要是真心疼娃，就别喋喋不休地抱怨、挑剔，你得想办法改善你们两个人的关系，给娃一个温馨、幸福的氛围。抱怨是解决不了问题的，唯一的解决办法是你要控制自己的欲望，节省自己的开支，开源节流，和你老公一起努力奋斗。"

听完我的话，表妹沉默不语。

我有一个群，群里的人来自五湖四海，聊天的内容也是随心所欲，虽然不在一起，关系就亲得像兄弟姐妹一样。有次聊天，不知不觉聊到了婚姻这个话题。未婚的都对未来心存憧憬，已婚的却大多表示肠子悔青。大家后悔的原因不一，什么人懒工资低，不浪漫如呆头鹅，家人不好相处，早知如此当年就该嫁个有钱人等，形形色色的怨怼不胜枚举，甚至有些人早已把好好一个家庭折腾得四分五裂。

其实，有时候如果你感受不到另一半对你的爱，为什么不想想是不是自己的感知能力出了问题呢？如果真爱仅仅用一捧玫瑰花和"我爱你"三个字就能够代表的话，这样的真爱你敢要吗？最好的爱情原本就是平平淡淡、相濡以沫，是一箪食一瓢饮都彼此乐得自在的坦诚。诚然有些男人浪漫有情趣，会时不时变着花样哄你开心，可当年不正是我们自己选择了现在这个"呆头鹅"的吗？也许他不浪漫，也没有情调，但既然当初你选择了他，肯定有你的理由，想想这个理由，这就是你爱他的原因。

不光女人对男人有怨言，男人对女人的怨言也不少。

我有一哥们儿，深爱一个女人，没结婚的时候觉得这个女人有品位、很时尚，用现在的话说，她就是他的女神，甚至到了非她不娶的地步。

谁知道婚后才知柴米油盐贵。

他在工地上工作，工资不是很高，活儿还特别累。而妻子却整天买这买那，而且一买就是名牌，也不找工作，家务也不做，一味追求享受。哥们儿曾不止一次地向我们抱怨自己老婆花钱太厉害、一点也不贤惠、爱慕虚荣、喜欢攀比、家务也不乐意做、对他的父母也不好。站在他的角度上来看，这个女人确实不能被原谅。

可是反过来想，你有什么理由这么怨气冲天？

难道现在和你一起生活的那个人，不是当年自己选择的吗？那时候你们是多么意气风发，对未来的围城岁月有多少虚妄的憧憬，总觉得你们注定能地老天荒，把所有人的劝阻都当成耳旁风。

然而你们享受够了激情，过了热烈的恋爱期，还没一起经历风雨就开始变得挑剔。梦幻的面纱被生活这双无情的大手慢慢揭开，露出很多原本就存在而你曾经忽略的生活本质。这些本质一直存在，只是当时昏了头的你们选择视而不见，而现在当避无可避时，它已然赤裸裸地呈现在你们面前，这时候你们后悔了，抱怨了，恼羞成怒了，埋怨起对方来，这世上哪有这样的好事？

你们是否认真考虑过，也许不是你的他或她变了，而是我们自己变了，心态变了，要求更多更苛刻了？

恋爱的时候，我们会说："我不要他怎样，我只要和他在一起，择一城终老，两个人这样平平淡淡过一生已是极好。"我们心里都清楚这个人不是世界上最好的，他没有多少钱，工资也不高，相貌普通，还有很多坏毛病，但我们还是肯定地跟自己说："就是他了，我不是那种势利和以貌取人的浅薄之人。我爱的就是他这个人，其他的和我无关。"

于是你们就彼此坚持走到了一起。可生活不是童话故事，不是王子和公主最终结婚就结束了的，生活是一场漫长而坎坷的泥泞路，有太多问题、太多障碍需要你们一起去解决。

生活中总会出现层出不穷的问题，不管你是有钱还是没钱，你是美貌还是丑陋，奢侈还是节俭，都是无法逃脱的，真正的幸福是找一个人坚定不移地走下去，而真正的不幸则是不知道该和谁一起走下去。

我们当中的大多数人，都没有惊世的美貌和才气，都是这社会中再普通不过的平凡人，结婚生子的对象也都是像我们一样的普通人。每个人都有优点和缺点，这才是我之所以是我的原因，对待另一半的包容理解往往也会成就我们自己的幸福。如果一开始的路是我们心甘情愿选择的，那即使是泪流满面，也不要轻易说放弃。

不要和别人比，自己快乐就好，干吗在意谁买了车、谁买了房了，你锱铢必较的结果只是折腾自己的生活，到头来吃苦的还是自己。走自己的路，过自己的生活，不要去抱怨你的伴侣没有别人优秀，优秀从来都没有标准，你相信他足够优秀，终有一天他会证明他值得你信任。

我们存在最大的问题是明明所有的道路都是自己选择的却还总是要错怪别人并充满怨怼。油瓶子倒了，只要油没有浪费，谁扶起来都是一样的，怕只怕油瓶子倒地，油咕咚咕咚地往外倾，而两个人却依旧忙着指责彼此的不是，等到最后油没了，情也没了，心也痛了，变成两个陌生人，这是一种很不智慧的行为。

我们要时刻提醒自己，即使泪流满面，也要正视自己的选择。

4. 我们不用讨好这个世界

　　我有个表弟，大学毕业以后，听从家里的建议，回老家找了个工作。工作稳定以后，开始了他的相亲历程。这几年也陆续谈了几个女朋友，可因为他买不起婚房，以至于每次到谈婚论嫁的节骨眼上就掰了。

　　眼看着表弟年龄一天天大了，他父母很心焦，逢人就诉三分苦："原本他成绩好，我们全家都跟着骄傲，心想这下好了，将来大学毕业了，能找份好工作，我们老两口也就放心了，可是现在连媳妇都娶不起。早知道这样，当初就不该供他读书，没准现在孙子都已经满地跑了。"

　　看着老人家无奈而辛酸的叹息，我不禁想起了我刚毕业的那段时日。那时找不到太好的工作，就先找个事多钱少的工作应付一下。因为没钱，当时只能租住在西安某个城中村里，房租便宜，一个月一百块钱。可即使是这样，也根本就没有考虑过以后找对象一定要找个有房有车的，只想着彼此心里踏实就可以了。

　　记得当时我租住的那栋楼里有一对裸婚的小青年，整个结婚过程只用了几百块钱——请朋友们吃了一顿家常便饭，买了一些大红的喜字和亮闪闪的网状坠饰装扮一下租来的十平方米的小居，给整栋楼每户人家分了点瓜子和花生，分量虽然不多，但是他们特别用心地用大红喜字网纱状的小袋子系着蝴蝶结，非常喜庆。

　　那时我们也都怀疑这样的婚姻能幸福嘛，可是在那住很长时间，我从来没有听到他们争吵过，即便是后来孩子出生，天天各种乱七八糟的琐事，也没见他们红过脸。有时候想想，是否幸福与金钱多寡并没有太大的关系，真的是由人的内心决定的。人心寡欲便处处欢喜。

　　这么多年过去了，我现在依旧经常能在QQ上看到他们的动态——按揭买房了，孩子已经快要上小学了，也补拍了婚纱照，调皮的儿子还做了他们的花童。这么多年，变化了很多，唯一没变的就是他们彼此的感情。

　　我自己也绝对是裸婚一族的实践派。大学毕业一年邂逅现在的先生，第二年开始为将来做打算。第四年裸婚，没有婚宴，没有婚纱照，和公婆一起挤在他们的老房子里，除了床是新的，其余全是旧的。第五年，我们唯一的宝贝出生。第八年，我们攒够首付，买了属于自己的房子。第九年，先生问我要不要补拍婚纱照，我说算了吧，我现在这么胖，照出来肯定很难看，还是不要去吓人了。

　　幸福的婚姻和有没有婚纱照等外在物质条件没有必然联系，自己内心幸福就好。有钱人有有钱人的活法，没钱人有没钱人的活法，那些打肿脸充胖子的事情还是不要做了，因为那样受苦受累的永远都是我们自己。

　　按照亲戚的那种说法，说是上学影响了他找对象结婚，觉得上学没用，这是个连想都不用想的谬论。上大学的那几年里，他们和来自全国各地的优秀学子在一起，见识了地域和思维模式的不同，他们的思想和眼界会开阔很多，对自我的探讨与认知也会逐渐加深，并且在文化修养、艺术修养、人文修养以及道德修养上都得到了很大的提升。或许，他们可能没有那些很早走上社会的同学有钱，暂时没有他们发展得顺利，但这是两条截然不同的路，过早地否定他们必然是非常错误的。他们的人生肯定是另一种层次，只是时间早晚而已。

大学就是社会的一个缩影，在大学里他们学会了人际交往，学会了如何适应这个社会，也学会了如何在这个复杂的世界里保持自己的简单和淡然，他们还会在最纯美的青葱岁月里收获最难忘的回忆，这些都是不可忽略的宝贵财富。

他们现在需要的是时间，我们要对他们有耐心，只要他们不懈努力，假以时日，定会在自己的位置上做出一番成绩来的。

前段时间，我看了一本叫做《哲学的故事》的书，书中有这么一段话我觉得特别经典，现在把它摘录下来："如果善意意味着聪明，美德意味着智慧，如果通过教育，人们能够找到自己的真正兴趣所在，能够看清自己的行为可能产生的后果，能利用批判和协调的精神来调整自身杂乱无章的欲望以形成一个目标明确、具备创造力的和谐整体，那么，这或许就能成为那些受过教育且思想深刻的人的一种道德规范。而对于那些未曾受过教育的人，则只能使用反复的说教和外力的强制了。或许，所有的罪过都出于错误、片面的观点，是愚蠢的表现？有识者或许跟无知者一样，偶有暴力或不文明的冲动，但可以确信的是，他们能够更好地控制这种情绪，因而很少见到他们真正做出什么兽性的行为。唯有清醒明智的头脑才是维护和平、秩序和良愿所真正需要的。"

我们不必羡慕那些拥有世俗物质的朋友，你受过的教育、流过的血汗，你学到的才学和你拥有的珍贵品质，都是你未来的铺垫，会指引着你走向光明的道路。

这世间的很多东西，都不能用金钱来计算。不要在意这社会如何浮夸，心思沉静我自沉稳不动。外在物质再美好，也不能决定你是否幸福，如果你想争取幸福，就没有人能够阻止你。

当然，你爱的那个人正好有房有车再好不过，如果他现在暂时没有，你也要相信自己的眼光。给彼此时间，相信彼此的力量，只要你选择的是对的那个人，只要一直努力，终有一天，你们会得到想要的幸福。自己奋斗得到的东西才能牢牢把握和珍惜，与心爱的人携手打拼的过程，才是人世间的清欢，这本身也是一段幸福的旅程。

也许你会遇到更好的，也许此生再也遇不到，谁知道呢？既然青春留不住，为何不抓住眼前？也许在你踟蹰为难的时候，那个人已经心灰意冷，转身离去。

有一个至今仍未婚的老同学跟我聊天时说："我现在后悔了，以前总觉得自己年轻，以为什么都稳定下来再结婚才是明智的选择。这么多年过去了，我忽然发现，结婚了不就稳定了吗？可是我错过了曾经最想结婚的那个人，现在看着你们孩子一个个活蹦乱跳的，说不羡慕那都是骗人的。"

是啊，人生一世草木一秋，有一个地方陪伴我们最长久，这个地方不需要很大，也不需要太华丽，因为有了爱，那个地方才叫家。有爱随处都可以是家。

要相信，我们拥有智慧和爱，我们就拥有了最珍贵的无形资产。

5. 自己善良，才能感知世界美好

我有一姐妹 W，从小心气儿就特别高，从来不多看身边的男性朋友一眼，一心就想着嫁个美国老公，拿张美国的绿卡。大学毕业后，同学们都忙着找工作，东奔西跑的，就她一个人考上了研究生，到了一所更好的学校。研究生毕业之后，她拿到了国外大学录取通知书，不过不是美国，而是英国。

有一年，她暑假回家，带了一个美国帅哥回来。帅哥非常喜欢她，随时随地在我们面前秀恩爱，还跟我们说毕业之后，要带着 W 一起回美国定居。那时候我们特别羡慕 W，也都衷心祝福她。大家都知道她有一个美国梦，也都见证了她为梦想牺牲宝贵的青春，现在马上就要实现了，肯定是一件值得高兴的事情。

谁知道毕业之后，W并没有去美国，而是一个人又回来了，留在了我们的"革命根据地"——西安，而且很快就找了一个很朴实的丈夫结婚了，从此踏实生活，"洗手作羹汤"。夫妻俩奋斗了好几年，又在他们那所小区买了一套房子，把她的父母接在身边，生活在一起。

有一次，几个闺密聚会，W也去了。我非常好奇地问她："当初你心心念念要去美国，为什么最后又选择回来？你为此坚持了这么多年，怎么说放弃就放弃了呢？"

S沉吟半晌，最后说："以前我老是想远走高飞，那是因为我有哥哥，家里的事情不用我操心，可是我硕士快毕业的时候才从别人那儿知道我和我哥哥都不是我爸妈亲生的。"

我没有明白，就问S："这和你决定不去美国有什么关系？"

S说："我爸妈年轻的时候日子过得特别艰苦，我爸在工地上打工，我妈就在工地上捡破烂。我和我哥都是那时候他们捡回来的。因为他们的慈悲，我和我哥才得以活下来，并且都接受了很好的教育。到现在我都很难理解，收入那么低的他们是怎么省下钱来养活我和我哥的。知道这件事之后，其实我也特别矛盾，一方面我坚持了这么多年的梦想马上就要实现了，另一个方面是养了我二十多年的父母年龄渐渐都大了，我能陪在他们身边的日子越来越少了。纠结了很长时间以后，我决定和那个外国男朋友分手，无论如何我都要陪在他们身边。"

听了W的话，我才明白她当初为什么放弃。我想即便再让她选择一次，她还是会坚持这么做，对父母的爱是世界上最美的语言。有父母在身边，所有的执念不过都是海市蜃楼，唯有陪伴才能长久。

其实很多时候，懂得感恩，不仅会温暖自己，也会温暖周围很多人。

前些天，看到这样一则新闻：一名幼儿被陌生女子抱走，同城接力最终寻回。

寻回孩子的是一位中年阿姨，那天她刚好看见邻居姑娘从外面回来，抱着一个宝宝，于是就哄过来抱给了警察。中年阿姨说，抱走孩子的姑娘没结婚也没有孩子，父母早年离异，跟着母亲生活，她精神方面有点问题，并非人口贩子。最后宝宝的父母也选择了原谅该姑娘。

那天，我看了这则新闻下面的评论，很多人都说这位阿姨是在庇护那个姑娘，才故意说那姑娘患有精神病。抛开这个问题不议，我想说点别的。

既然孩子已经找回，那位年轻的姑娘又没有前科，我们为什么不能慈悲为怀，选择教育和原谅呢？现在很多人作恶，并不是真的就恶毒之极，有时候只是一念之差，思想走进了一个死胡同，如果有人能在他滑向边缘的时候向他施以援手、加以引导的话，事情会不会就是另一种结局？

这两个故事虽然内核并不一样，可是我们都能从中看出一点一样的道理来：放下自己的执念，时常心怀感恩，这样既能成全别人又能成全自己。S懂得感恩，放弃多年以来的执念，最终找到了生活的平衡点，而那位阿姨和宝宝的父母选择相信那位抱走孩子的姑娘，不管从哪个角度来说，都是人性中的善。

唯有慈悲，才能度世间一切之苦，才能让我们放下执念，热爱这个世界。

6. 如果没有人陪你颠沛流离，你要成为自己的太阳

十年，弹指一挥间。

记得十年前，我随着男朋友来到云南。那时候收入十分微薄，两个人的月工资加起来刚刚达到四位数，"工资一个月一次，一周左右就没了"，这句话准确地形容了我们当时的那种状态。

那时候，我们俩简直就是传说中最资深的"三无"人员——无房、无车、无存款，别说生活了，生存都成问题，都可以赶得上荒野生存了。

按照当时那种情形来看，我还怎么走上人生巅峰啊？来到云

南前，我可是为自己勾画了一幅美好蓝图的，难道现在就只剩下蓝图了吗？而我和男朋友的家庭条件都不是很好，要想脱离那种状况，只能靠我们自己。

当时我们想要创业，可面临的最直接的问题是到哪弄创业资金。

没有资金，我们只能一点一滴积累。我们两个人不能一起辞职创业，要是连那一千多块钱的工资都没有了，那就真的没办法生活了，所以我最后决定先辞职。

一切都是摸着石头过河。我们都知道，再坏也不比当时情况更坏了。

当你用心生活的时候，不论你现在处于怎样的困境当中，出路最终都会出现在你的眼前。

刚开始的时候，因为没有资金，我就在男朋友亲戚家电器城外面一丁点儿的地方摆了两个玻璃柜台。地方约有三米长、一米宽，玻璃柜台是亲戚淘汰不要的，两个柜台占据了大部分地方。天晴的时候，我就把柜台稍微往外推推，这样才能有地方坐。每逢下雨等恶劣天气，就必须把柜台推进去，这样我就只能站着。有时候，如果雨下得很大，我还要用一把大伞遮住我和柜台。因为不用交房租，虽然条件艰苦一点，我也已经很知足。

　　我坚信并憧憬着美好的生活，也相信只要不辜负我的每一天，时间就会把好的东西都慢慢推到我面前。所以每一天乃至每一个时刻，我都精力充沛，满心向阳，默默耕耘，静待花开。

　　巴西著名作家保罗·柯艾略在《牧羊少年奇幻之旅》中这样写道："当你全心全意梦想着什么的时候，整个宇宙都会协同起来，助你实现自己的心愿。"当你默默地努力，不再计较得失，不再执拗于结果，你就会慢慢变得强大。或许有时候你并没有发现你在变化，但正如保罗·柯艾略说的另一句话一样："当我们努力使自己变得比现在更好的时候，我们周围的一切也会变得更好。"

　　后来，我们生活慢慢有了起色，结了婚，有了自己的宝贝，也在这座城市里买了房子。开店之余，我坚持这么多年的写作也慢慢开花结果，一些短篇作品开始在杂志上发表，一部部长篇小说也逐渐从我笔端生出。我知道它们不是很完美，可这全是一点一滴的进步。

　　曾经我们经历过的所有艰难，当时以为很难过去，现如今却成了自己最宝贵的记忆。

　　回想我们这十多年的奋斗，靠的并不是什么天资聪颖，家底丰厚，也没有什么捷径可走，全靠两个人相互依偎一路坚持，开店如此，写作亦如此。现在我们生活得很充实，我们把每一个平凡甚至苦难的日子熬成了多种口味的粥，只要自己能咂摸出可口的美味，不管别人如何看待，我们都乐在其中。

记得曾有一个朋友问我："你来到云南，是否有过失望？"我回答得没有丝毫犹疑："我不失望，因为我经历过的一切都是我愿意经历的。我从来不会苛求别人怎样，努力把对生活的所有希望都寄托在自己手中，这样才能过得惬意安然。"

或者可以说，我明白一个道理：人生在世，并没有捷径，只有一条茫茫无边、曲折坎坷的路。越过一座高峰，面前又有另一座高峰。早做准备，总比仓促上路要好很多，因为你永远不知道人生什么时候会给你一个措手不及。这条路有时平坦，有时崎岖，有时饱，有时饿，还有荒漠狼烟、毒蛇猛兽，无论是有伴还是独行，背着善良，心怀向往，品味当下比什么都重要。所有的东西都需要一个日积月累的过程，知识是，经验是，金钱是，爱亦是，任何"大跃进"式的冒险都得不偿失。

借来的光始终是别人的。当光源移动，你只能被动地追随，追不上的时候，就永远失去了。与其依赖别人，还不如为自己创造一个光源，能量小时温暖自己，能量足够大时还可温暖他人。

　　有一个朋友，每当身边的人说有点累、有点力不从心的时候，她就会插一句说："等有上亿存款的时候，你就可以不那么累，不那么力不从心了。"仿佛没有一个亿的资产就没有资格幸福一样。实际上是这样吗？不是，普通人也有自己精彩的人生。生活美不美，全在自身的操控。在浮华中失去赤诚，你其实活得和傀儡没有什么区别。

　　所以，做最好的自己，做最善良的自己，把当下的每一天都活出精彩来，让世界多一些美好，少一些丑陋。只有当内心小小的世界被照亮，我们的面前才能一片光明。

　　卢思浩说："愿有人陪你颠沛流离，如果没有，愿你成为自己的太阳。"我说愿你我都能成为自己的太阳，照亮属于自己的那一方小世界。